大坝安全智能监测预警系统研究与实践

宁夏水投云澜科技股份有限公司　宁夏智慧水联网研究院　编著

中国水利水电出版社
www.waterpub.com.cn
·北京·

内 容 提 要

本书从大坝安全监测信息化系统需求入手，阐述了大坝安全监测的目的和意义，梳理了国内外的研究和应用现状；梳理了该领域存在的主要问题，以及开发大坝安全监测信息化系统的需求分析；对监测系统平台的架构以及基础设施等进行了详细的介绍；详细介绍了在大坝安全监测系统中如何有效安全建立数据模型，包括数据的预处理、特征分析、建模预测、数据管理等数据全生命周期所涉及的基础理论知识和技术要点；从系统安全角度介绍了监测系统整体安全设计架构以及安全评估方法；对本书的示范应用与成果进行了总结，并介绍了笔者所在单位在大坝安全监测领域积累的经验和项目案例；对全书进行总结，并对未来预警技术的发展作出展望。

本书聚焦于如何通过开发智能监测预警系统提高大坝安全监测能力，系统阐述了大坝安全监测的重要性，以及系统硬件、软件、算法、安全等方面的基础理论和项目建设经验，为该领域学者和从业者提供了翔实的研究学习资料。

本书适用于智慧水利相关的政府管理单位及企业、规划设计、建管运维等人员，也可供院校相关专业师生参考。

图书在版编目（CIP）数据

大坝安全智能监测预警系统研究与实践 / 宁夏水投云澜科技股份有限公司，宁夏智慧水联网研究院编著. --北京：中国水利水电出版社，2023.9
ISBN 978-7-5226-1819-7

Ⅰ．①大… Ⅱ．①宁… ②宁… Ⅲ．①智能技术－预警系统－应用－大坝－安全监测－研究 Ⅳ．①TV698.1

中国国家版本馆CIP数据核字(2023)第183398号

书　　名	大坝安全智能监测预警系统研究与实践 DABA ANQUAN ZHINENG JIANCE YUJING XITONG YANJIU YU SHIJIAN
作　　者	宁夏水投云澜科技股份有限公司 宁夏智慧水联网研究院　编著
出版发行	中国水利水电出版社 （北京市海淀区玉渊潭南路1号D座　100038） 网址：www.waterpub.com.cn E-mail：sales@mwr.gov.cn 电话：（010）68545888（营销中心）
经　　售	北京科水图书销售有限公司 电话：（010）68545874、63202643 全国各地新华书店和相关出版物销售网点
排　　版	中国水利水电出版社微机排版中心
印　　刷	清淞永业（天津）印刷有限公司
规　　格	184mm×260mm　16开本　11.25印张　274千字
版　　次	2023年9月第1版　2023年9月第1次印刷
印　　数	0001—1500册
定　　价	98.00元

本书编委会

（排名不分先后）

主　编　陈志灵

副主编　侯　明　王艳萍　张兴文　彭　骞　郭天会

参　编　杨　健　吴惠文　庄　荣　李向秀　张　蓉
　　　　胡亚坤　蔡天超　孙宇翔　米　佳　任永宏
　　　　杜多利　马西珍　胡新保　梁继宗　张天芳
　　　　李明媛　田　旭　李天富　李坎坎　黄　云
　　　　康　明　杜丽娟　王　凯　田兴镭　海　楠
　　　　孙　斌　张　才　王相相　杨健锐　靳舒啸
　　　　白治龙　王多虎　贾祥瑞　徐鹏斌　陈立升
　　　　王　科　金倩倩　国　璐　韩婷婷　王君慧
　　　　李　超　郭亚楠　司伟刚　王凯翔　赵　威
　　　　杨芳郑　董佳奇　杨雪蕾　韩凯辉　柳嘉文
　　　　张天鹏　魏昌明　王天宁　柴旭东　张佳莉
　　　　刘　琦　马小凡　马天行　杨　娟　张　雍
　　　　张　晨　李洋洋　张天宝　沈　通　张智鹏
　　　　王浩奇　杨　帅　马　波　马川路　吴梦瑶
　　　　马欣宇　侯雨欣　张少勇　李丹蕾　刘　伟
　　　　陈嘉雯　马彩凤

前　　言

　　水库大坝是水利工程的重要组成部分，也是保障国家水安全、防洪减灾、水资源利用、生态环境保护等方面的重要基础设施。我国拥有世界上最多的水库，截至 2022 年年底，全国共有各类水库 9.86 万座，其中中小型水库 9.73万座。这些水库为我国经济社会发展和人民生活提供了巨大的综合效益，但同时也面临着各种自然灾害和人为因素的威胁，如地震、洪水、渗漏、滑移、老化、破坏等，一旦发生溃坝事故，将造成严重的经济损失和生命财产损失，甚至危及国家安全。

　　随着水库大坝工程规模的增大、复杂性的提高、环境的变化和社会需求的提升，大坝安全监测面临着更高的要求和更多的挑战，需要借助信息技术提高监测效率和质量，实现数据的快速采集、传输、存储、管理、分析和展示。本书主要从理论和实践两方面，阐述了水库大坝安全监测要求及信息化需求、大坝安全监测预警系统平台功能、大坝监测数据处理及评估、系统安全设计等内容。在理论方面，基于机器学习、深度学习等人工智能技术的数据处理算法，给出了相应的数学模型和实验结果，以及运行数据的异常检测、趋势分析、状态评估等方法。在实践方面，大坝安全监测覆盖了大坝的各个部位和环节，综合考虑了大坝的结构特性、工程环境、运行状态等因素，选择合适的监测指标和方法，确保监测数据的有效性和可靠性。同时，大坝安全监测信息化以提高监测效率和质量为目标，构建了基于互联网、物联网、云计算等技术的分布式、智能化、集成化的信息系统，实现了数据的快速采集、传输、存储、管理、分析和展示。

　　然而，我们也必须清醒地看到，我国水库大坝安全管理工作还存在着不少问题和挑战。一是我国水库大坝总量多、分布广、类型多样，其中不少是建于20 世纪 50 年代至 70 年代的老旧工程，在设计标准、建设质量、运行管理等方面存在着较大差距；二是我国自然灾害频发多发，特别是近年来受气候变化影响，极端天气事件增多增强，给水库大坝安全带来了更大压力；三是我国经济社会快速发展，人口密度增加，城市化进程加快，导致下游保护区增大扩容，一旦发生溃坝事故后果更加严重；四是我国水利信息化建设相对滞后，尤其是小型水库普遍缺乏有效的监测预警手段和信息管理平台，难以及时掌握水库大坝的运行状态和风险状况，难以有效应对突发事件。

党中央、国务院高度重视水库大坝安全，多次作出重要部署，强调要坚持安全第一，加强隐患排查预警，及时消除安全隐患，强调"管行业必须管安全、管业务必须管安全、管生产必须管安全"的安全管理总要求。因此，加强水库大坝安全管理，保障水库大坝安全运行，是一项重要的战略任务。近年来，在各级党委政府和有关部门的领导下，在广大水利工作者的共同努力下，我国水库大坝安全管理工作取得了显著成效，为保障我国水利事业健康发展和人民群众生命财产安全作出了重要贡献。

鉴于作者知识水平和时间有限，本书难免有一定的缺点和不足之处，敬请希望广大读者批评指正。

作者

2023 年 6 月

目　　录

第 1 章

概　　述

1.1 我国水库大坝情况及监测目的与意义

1.1.1 我国水库大坝情况

我国是人类筑坝历史最悠久的国家之一，但大规模的水库建设起步较晚。据统计数据显示，截至 2022 年年底，我国各类水库达 9.86 万座，总库容 9306 亿 m^3，水利工程总供水能力 8900 多亿 m^3，是世界上水库大坝最多的国家。其中中小型水库 9.73 万座，占水库总数的 99.4%，已成为世界建坝的中心。目前我国已全面建成小康社会，防洪体系中的水库建设虽逐步减少，但是水资源配置和水利开发所需要的水库建设仍在增长，"滋黔""润滇""泽渝""兴蜀"等一大批大中型水库和长江上游、西南地区等一批高坝开工建设。我国筑坝技术、工程质量均居世界先进水平。2021 年水利部发布数据显示，我国水库防洪保护范围内有人口 3.1 亿、大中城市 132 座、农田 4.8 亿亩。水库年供水能力达 2400 亿 m^3，占全国年供水能力的 37%，为 2.4 亿亩耕地、100 多座大中城市提供了可靠水源。水库在防洪减灾中发挥了重要作用，特别是在防御历次特大洪水中取得了重大经济和社会效益。从地区分布看，湖南、江西、广东、四川、湖北、云南等 6 省是我国的水库大省，6 省水库数量占全国水库总数量的 55%，其中湖南省水库最多，为 1.4 万多座，占全国水库总量的 14.3%。从坝型看，由于可以就地取材，施工方便，对坝址地形地质条件要求相对不高，大量中、小水库采用土石坝坝型，土石坝占大坝总数的 93%。从坝高看，全国坝高 30m 以上的水库 5191 座，坝高 15m 以上的水库 2.63 万多座。

我国水库大多建于 20 世纪 50—70 年代，受当时经济技术条件限制，工程建设标准低，质量差，安全管理中存在以下问题：

（1）水库建设先天不足，工程标准低、质量差。20 世纪 50—70 年代的 30 年间累计建成水库近 8 万座，占水库总数的 81.6%。受当时水文地质资料欠缺、设计标准不完善、筑坝技术水平较低、财力不足等经济技术条件限制，很多工程建设标准偏低、质量较差。另外，长期存在重建设轻管理思想，只注重主体工程建设，忽视工程监测、水雨情测报和通信预警等管理设施建设。

（2）"半拉子"工程多，安全隐患多。这一时期兴建的水库中，很多是边勘察、边设计、边施工的"三边"工程。有的水库根本没有设计，即使有设计，也往往缺乏足够的水文、地质等基础资料。施工设备简陋，建设主要依靠广大群众。基建投资严重不足，频繁的停建、缓建造成不少"半拉子"工程。大部分水库的建设从设计到施工都难以保证质量，给水库工程留下了很多安全隐患。

（3）管理体制不顺，运行机制不活。水库管理体制与运行机制是长期计划经济体制下逐步形成的，管理体制不顺，性质不清，职责不明，事企不分，影响了水库正常管理和效益的发挥。

（4）管理经费缺乏，工程老化失修。大多数水库属于公益性基础设施，主要承担防洪、灌溉、生态等社会公益性任务。由于管理单位缺少公共财政支持，运行管理经费严重不足，导致管理队伍不稳、工程老化失修。

（5）大坝老化产生病害。大坝工程设计使用寿命一般确定为 50 年，淤积库容和金属结构设计使用年限通常为 30 年。运用后期老化速度加快，要求投入的更新维护费用快速增长。我国多数水库运用已达 40～50 年，处于使用寿命的后期老化程度严重，从工程安全保障与高效运用看，工程的大修维护和更新改造是必须的。实践证明，必要的更新维护与除险加固是保证安全、减缓工程老化和延长工程寿命的基本要求。

（6）病险水库数量多。由于"先天不足、后天失调"，导致病险水库大量存在。据 2022 年全国大型水库大坝安全状况普查，全国现有病险水库 3.7 万座，约占水库总数的 37%。

（7）分布广、威胁大。除上海外，全国各省（自治区、直辖市）都有病险水库，很多病险水库下游人口集中或位于城镇的上游，严重威胁下游人民群众生命财产安全和重要基础设施安全。

（8）病险种类多、险情重。主要病险有防洪标准或大坝结构、抗震安全不满足现行规范要求，大坝渗流不稳定，金属结构和机电设备老化，缺少必要的水文测报和大坝安全监测设施等。因此，一座水库往往多种险情并存。

（9）溃坝事故发生时会受到建设过程中地质、水文、设计、施工等不确定性因素影响。水库建设中存在的隐患和管理中的薄弱环节，再加之暴雨、洪水、地震等自然灾害，使得水库溃坝一直是无法回避的事实，世界各国都发生过一些惨痛的溃坝事件，我国也不例外。近年，我国加快了病险水库除险加固建设，加强了水库大坝安全管理，溃坝事件和人员伤亡呈逐年减少态势。

（10）大坝风险仍然处于相对较高水平。随着水库下游经济社会快速发展，城市化进程加快，人口增长，基础设施大规模建设，溃坝可能导致的灾害损失将成倍增加；高坝大库的建设也使社会与公众对大坝安全风险问题更为关注。

1.1.2　监测目的及意义

众所周知，大坝是调控水资源时空分布、优化水资源配置的重要工程措施，也是江河防洪工程体系的重要组成部分。随着世界各国水利、水电事业的发展，水库大坝的安全问题也越来越突出。大坝安全监测有校核设计、改进施工和评价大坝安全状况的作用，且重在评价大坝安全。大坝的安全事关重大，需对大坝安全建立相应的监测体系：从水文环境、地质条件、大坝结构、安全信息等各方面进行数据收集，并加以分析，通过反复的数据累积和分析，得出大坝运行的安全系数，对大坝进行安全等级管理。

据 2022 年的全国大型水库大坝安全状况普查数据显示，我国大中型水库大坝安全达标率仅为 63%，病险率约占 37%。因此，大坝安全监测必须受到高度的关注和重视。大坝安全监测是人们了解大坝运行状态和安全状况的有效手段和方法，其主要目的是了解大坝安全状况及其发展态势，此过程包括：通过各种信息的获取、整理和分析给出大坝安全评价，控制大坝安全运行；校核计算参数的准确性和计算方法的实用性；反馈施工方法的正确性，改进施工方法和施工控制指标；为科学研究提供现场资料，检验各种理论、校正各种模型和参数，协助找出实测规律和辅助成因分析等。因此大坝安全监测的意义在于：

（1）水库大坝监测与安全评价相辅相成，是水库大坝安全评价中不可分割的两部分。大坝安全监测通过对坝体、周岸及相关设施的巡视审查和仪器监测，可以为大坝的安全评价提供基本资料和数据。通过对这些监测资料的可靠性分析就可以完成坝体与坝坡的稳定性分析、渗流稳定分析、工程运行评价等大坝安全评价工作。

（2）有助于认识各种观测量的变化规律和成因、机理，确保大坝安全，延长大坝寿命，提高大坝运行综合效益。对大坝安全监测资料及大坝的结构与基础性态进行分析计算和模拟，有助于认清各种观测量的变化规律以及各种变化的物理成因，从而能及时发现隐患并采取相应措施，以确保延长大坝运行时间。

（3）有助于反馈大坝设计，指导施工和大坝运行，推动坝工理论的发展。由于大坝及其坝基的工作条件比较复杂，相关荷载、计算模型及有关参数的确定总是带有一定的近似性，因而现有的水工设计，还难以与工程实际完全吻合。因此，利用大坝安全监测资料进行正、反分析，及时评价大坝和坝基的工作形态，依据设计、施工方案对在建或拟建大坝提出反馈意见，以达到检验和优化设计、指导施工的目的。

（4）能够更为清晰、准确并及时地了解大坝运行情况，对其安全进行实时监控，确保大坝的日常运行安全。大坝的安全监控主要包含监测和安全评级两方面。从这可以看出，通过对大坝进行诸如水位、坝体、设备运行等方面监控，能够对大坝的运行安全情况有清晰的了解，同时也提供了大坝的安全评级数据。通过对这些数据进行分析，也就能够较为准确地评估大坝的运行安全状况。

（5）有助于进行数据模拟，对大坝的运行规律进行探索和研究。在进行大坝安全监控时，可以对收集到的数据进行工程建模，对大坝的运行状况进行模拟，在模拟的过程中通过改变各种条件，提升大坝运行的效率和期限，最终实现大坝建设的综合效益，也能够为大坝的建设和维护探寻到宝贵的经验与规律。

（6）能够提高大坝的建设技术和管理水平。通过对大坝进行安全监测，能够获得很多的大坝建设、运行数据，这些数据对大坝建设具有很高的价值，通过对数据进行分析研究和论证，给大坝的设计、施工提供指导，使其更有效率地进行日常运行管理。

1.2　大坝安全监测及评估

1.2.1　大坝安全影响因素

有资料显示，经过对大坝失事概率与原因分析，仅有11％是大坝老化、主体质变（开裂、侵蚀和风化）及施工质量等原因而失事；而设计洪水位较低、设备无法正常运行，引起洪水漫顶导致失事占30％；基础失稳、地质因素和意外结构事故约占27％；地下渗漏引起扬压力太高、渗流量变大和渗透坡降过大占到20％；其他特殊因素只占12％。由此说明大坝失事涉及的范围广、因素多，一般可分为三类。

1. 设计因素

在设计阶段，坝址所处的地形、地质状况、水文条件及地震信息；枢纽的总体布局、坝型结构、各分区材料构成、水文资料和洪水演算、地质勘探等方面都是影响大坝安全的重要因素。比如在 1980 年，乌江渡水库泄洪水雾引起开关站出线相间短路跳闸、线烧断，泄洪闸门不能开启，究根结底还是由于大坝整体布置不合理所导致。因此，大坝的安全隐患大多在设计阶段已潜存下来。

2. 施工因素

大坝项目的实施必须严格按照设计方案施工，以确保工程质量，同时还必须注意及时解决施工中出现的新情况、新问题。比如土石坝的碾压、混凝土坝的温控及防渗、排水处理、泄洪建筑物的机电安装等都会直接影响大坝的安全，必须严格标准，规范施工，始终把质量放在首位。喀什一级大坝就因密实度太低，强震时发生液化和沉陷。

3. 运行管理因素

对大坝的运行管理必须涵盖对水库的调度、附属机电设施、大坝维护、监测手段及资料分析、大坝安全状况评价等。1969 年发生的佛子岭大坝漫顶事故，就是由于汛期不合理地抬高了运行水位所致，这充分体现了备用电源、汛前检查有关泄洪设备是非常有必要的。因此，对大坝进行全方位的巡视检查、仪器监测等都是非常必要且必不可少的。联合调度在梯级水库调度中尤为重要。

1.2.2　大坝安全监测指标

国内外溃坝事件表明，溃坝有一个从渐变到突变的过程。开始时大坝出现一些缺陷或故障，以后这些症状有了发展，当这些缺陷和故障发展到一定程度时，大坝迅速恶化，溃坝随即发生。因此需要对大坝进行安全监测，及时收集安全信息，在较短的时间内根据监测的信息对大坝安全状态做出诊断。然而，大坝安全状态的诊断是一项十分复杂的工作，这就需要寻找一种简单、快速而有效的方法。

大坝安全监测包括仪器检测和巡视检查两个方面。一方面，通过先进的仪器和技术，可以获得巡视检查无法得到的数据和信息，特别是坝体内部、坝基等隐蔽部位的信息，为实现大坝安全定量分析和利用计算机技术实现大坝安全监测提供条件和基础。另一方面，当前仪器监测的范围和内容相当有限，局部的安全监测很难反映出大坝整体的安全状态，需要通过人工定时巡视检查来及时发现仪器监测未能反映出的异常现象。大坝一般分为混凝土坝和土石坝两大类。混凝土坝分为重力坝、拱坝和支墩坝 3 种类型；土石坝包括土坝、堆石坝、土石混合坝等。根据《土石坝安全监测技术规范》（SL 551—2012）和《混凝土坝安全监测技术规范》（GB/T 51416—2020），大坝安全监测项目大致可以分为 5 类，具体如下：

（1）变形监测。变形监测是综合反映坝体坝基物理力学性态的一种效应量，它反映坝体刚度和整体性。大坝的变形常与坝体开裂、失稳有关。因此，它是监控大坝安全的主要监测量。在众多变形中，上游、下游方向的水平位移最为重要。

（2）环境量监测。环境量监测主要包括上游水位、下游水位、库水温、坝址气温、库面波浪、护坡波浪、下游冲刷等。

（3）坝基扬压力监测。坝基扬压力监测既是施加于坝基的一种荷载，影响到坝的应力和稳定，又是反映坝基渗透性态的效应量。大的坝基扬压力常与坝体失稳、帷幕衰减相关。因此，坝基扬压力是监控大坝安全的主要监测量。对于重力坝、大头坝和中、厚度的拱坝，坝基扬压力很重要。

（4）渗流量监测。渗流量监测是反映坝体和坝基物理力学性态的一种效应量，与坝的稳定、耐久性密切相关。因此，其也是监控大坝安全的主要监测量。

（5）应力应变监测。应力应变监测是反映坝体和坝基物理力学性态的一种效应量，与坝的强度、稳定可靠相关，特别在施工阶段，它是监控大坝安全的主要监测量。

大坝安全监测系统包括数据采集、数据传输、数据处理和显示几个方面的内容。整个系统的结构设计方法采取的是自上而下的方法，其中数据采集由无线传感网络完成，大量的无线传感器节点会自组织地构成无线网络，从而及时地对大坝范围内的渗压、应变、温度、应力等多种参数进行监测并采集，采集的数据经路由器中继转发之后，汇总到协调器节点。如果大坝范围较小，协调器节点可以直接通过 RS232 通信电缆将接收到的数据传给现场终端，然后由现场终端对数据进行存储、处理和显示；如果大坝区域过大或者无人值守，需要将数据传给远端服务器，这时可以采用与 GPRS/4G 通信技术相结合的方式进行传输，协调器节点将收到的数据通过 GPRS/4G 模块发送给远端服务器，然后由远端服务器对数据进行相应的操作。大坝安全监控指标是监测大坝安全的重要指标，但又是一项颇为复杂，迄今仍在继续研究的重大课题。

1.2.3　大坝安全评估原理和方法

大坝安全评估是确保大坝安全运行的重要工作，其原理和方法旨在评估大坝的结构稳定性、安全性和可靠性。姜树海等（2008）认为大坝安全评估是通过综合考虑大坝的结构特性、地质条件、监测数据和工程操作等因素，对大坝的安全状态进行全面分析和评估。评估的目标是识别潜在的风险和问题，并提供相应的建议和措施，以确保大坝在各种工况下的安全性。

大坝安全评估的原理是基于全面的监测数据和专业知识，通过分析、识别和评估大坝可能存在的风险和隐患，制定相应的风险管理方案。以下是一些常见的大坝安全评估方法：

（1）结构安全评估。该方法关注大坝的结构稳定性，通过分析大坝的设计参数、施工质量、材料特性和变形监测数据等，评估大坝结构的强度、刚度和变形情况。常用的方法包括有限元分析、结构力学计算和物理模型试验等。

（2）地质灾害评估。该方法主要针对大坝周边的地质灾害风险，包括滑坡、地震、岩溶等。通过地质勘察、地震烈度评定、地质灾害潜在性分析等手段，评估大坝所处地区的地质灾害风险，并对其影响进行定量评估。

（3）监测数据分析。大坝监测数据的定期收集和分析对于安全评估至关重要。该方法通过监测数据的统计分析、趋势分析和异常检测等，评估大坝的运行状况和变化趋势，发现潜在的问题和异常情况。

（4）可靠性评估。该方法从可靠性的角度评估大坝的设计、施工和维护保养等方面的可靠性，包括可靠性分析、故障树分析和风险分析等。通过对系统各个组成部分的可靠性评估，识别可能导致大坝失效的关键因素，并提出相应的改进措施。

（5）综合评估和决策支持。大坝安全评估的综合评估方法将以上多种方法综合考虑，通过权衡各种风险和因素，对大坝的整体安全性进行评估。决策支持工具和模型在此过程中起到重要作用，帮助决策者做出合理的决策和管理措施。

需要注意的是，大坝安全评估的具体方法和步骤会根据不同的大坝类型、工程情况和评估目的而有所差异。因此，在实际应用中，针对具体的大坝工程，需要结合相关规范和专家经验，选择合适的评估方法和工具，并进行合理的分析和判断。

1.3　国内外研究进展

近十几年来，国内外在大坝安全监控及研究工作方面取得了显著进展。国内外在大坝安全监控及研究工作方面的发展趋势是不断扩大观测范围、采用先进的监测技术、推广自动化监测系统、实现在线实时监测与处理、利用多样化的数学模型进行分析、综合评价大坝安全性态，并提供反馈分析成果，以推动大坝工程的安全性和可靠性不断提高。

大坝安全监控及其研究工作在国内外近十几年来呈现出以下特点和趋势：

（1）观测范围扩大。除了对大坝及其附属建筑物进行监测外，还将观测范围扩展至地基岸坡和其他地质、地形情况复杂的区域，并与流域水文监测相结合。这种扩大的观测范围使得对整个系统的安全性能有了更全面的评估。

（2）先进的监测技术。高精度、高稳定性和高自动化的观测仪器不断出现，监测手段变得更加先进。这些新技术设备的应用提高了监测数据的准确性和可靠性，为大坝安全评估提供了更可靠的基础。

（3）自动化监测系统的发展。自动化监测系统的发展非常迅速，许多大坝已经实现了自动化遥测集控。全球定位系统（GPS）技术在大坝安全监测中也得到了广泛应用，为实时监测和精确定位提供了有效手段。

（4）在线实时监测与处理。数据处理逐步由离线集中处理转向在线实时监测和处理，以便提供更及时、准确的数据支持和管理决策。这使得相关部门能够更快速地发现潜在的风险和问题，并采取相应的措施进行处理。

（5）反馈分析的成果。大坝安全监测的反馈分析成果丰硕，有效地推动了大坝工程设计和施工技术的发展。通过不断分析和总结监测数据，改进措施得以提出，以增强大坝的安全性和可靠性。

（6）多样化的数学模型。监控分析的数学模型呈现出多样化的形式。除了传统的统计模型、确定性模型和混合模型外，还引入了时间序列分析（何满潮等，2005）、灰色理论（郭海庆等，2001；徐凤才等，2004）、模糊数学（徐洪钟等，2001）、神经网络（邓念武等，2001）、随机有限元和波谱分析（郑栋等，2021）等多种方法，用于大坝安全监测资料和大坝结构性态的正反分析。

（7）综合分析与评价。在大坝安全性态的评价研究方面，从单测点、单项目的独立分析评价逐渐发展为多测点、多项目的综合分析和评价。大坝安全的风险与可靠性分析也逐渐展开，为决策者提供更全面的安全评估和管理依据。

1.3.1　国外研究进展

国外大坝安全监测与控制的研究工作大致可以分为 5 个方面：观测资料的误差处理与

分析；观测资料的正分析；观测资料与大坝结构性态的反分析；反馈分析与安全监控指标的拟定；大坝安全综合评判与决策。各个方面的研究相互联系，构成了大坝安全监控的理论框架体系。

1. 观测资料的误差处理与分析

在利用大坝安全监测资料进行正反分析前，首先应对原始测值资料进行误差处理与分析，一般可将大坝安全监测数据的误差分为系统误差、随机误差和粗差三类。在测量过程中，应当剔除粗差，消除或削弱系统误差，使观测值中仅含随机误差。测量误差分析的方法一般有测值范围检验分析法、数学模型分析法及统计检验法等。系统误差可分为定值系统误差和变值系统误差。定值系统误差只引起随机误差在分布曲线位置上的平移，而不改变随机误差的分布规律，一般只能通过分析或试验的方法予以发现和消除。变值系统误差的发现、分离和消除方法与变值的规律有关，常见有残差代数和法、符号检验法、序差检验法等。系统误差一般通过数学模型结果进行判别，Bates Douglas M. 和 Watts Donald G. (1997) 认为通常的处理方法是设法找出系统误差的函数表达式，然后在观测结果中加以扣除。随机误差由随机因素造成，其符号和绝对值大小无规律且不可预料，但随着测次增加，一般认为随机误差呈正态分布，具有零均值。粗差（过失误差）是由某些不正常因素所造成的与事实明显不符的一种误差，通常属于测量错误，这种误差较易发现，应予以剔除。

目前，国外主要采用最小二乘法对大坝安全监测数据进行处理。刘苏忠和赵广超 (2009) 总结，自从高斯在 1794 年提出最小二乘法以来，广大学者对测量平差理论和方法进行了大量的研究。1947 年，田斯特拉提出了相关平差法，把对观测值独立的要求推广到随机相关；1962 年，迈塞尔提出秩亏自由网平差，把测量平差中的满秩阵推广到奇异阵；卡尔曼等提出了一种递推式滤波方法，已成功应用于航天、工业自动化等方面。

2. 观测资料的正分析

意大利的 Fanelli M. 和葡萄牙的 Roca 等从 1955 年开始应用统计回归方法来定量分析大坝的变形观测资料，1977 年 Bonaldi P. 和 Fanelli M. 等又提出了混凝土大坝变形的确定性模型和混合模型，将有限元理论计算值与实测数据有机地结合起来，以监控大坝的安全状况。近 20 年来，随着计算机技术的快速发展，大坝观测资料的正分析研究也取得了很大的进步，统计模型、确定性模型及其混合模型在生产实践中得到了广泛的应用。此外，法国在资料分析方面，采用 MDV 法，即在测值序列中分离出水压分量和温度分量，然后对时效和残差的变化规律进行分析，进而评判大坝的安全状况。目前，葡萄牙、法国、意大利、西班牙和奥地利等国家在大坝安全监测以及相关的各项研究方面不同程度处于国际领先水平。20 世纪 80 年代以来，模糊数学、灰色理论、神经网络、滤波法、小波分析、混沌动力学等各种理论和方法也纷纷被引入大坝安全监测资料分析中来，并取得了一定的成果。张斌等 (2002) 认为，近几年人工神经网络在大坝观测数据处理与分析方面的应用研究已经开始，尤其是模糊数学与神经网络方法的有机结合，为相关的研究展现了广阔的前景。神经网络模型属于隐式模型，有自组织、自适应能力，马睿等 (2022) 通过已有的研究成果表明，用神经网络模型对大坝变形、渗流等进行拟合，其精度优于传统的统计模型。

3. 观测资料与大坝结构性态的反分析

大坝及其坝基的参数反演方法有两种，即常规分析法和确定性模型法。徐波和夏辉（2010）认为常规反演分析法的基本原理是，从安全监测资料的分析中，找出真实的水压分量，然后假设初始参数，用结构分析法推求水压分量，最后根据变形与综合弹模成反比来反演参数。陈正汉（2014）认为确定性模型分析法则首先要假设初始参数，由结构有限元计算水压、温度分量，建立水压分量与水头、温度分量与温度梯度场的关系式，然后建立确定性模型，进行参数估计，可得水压分量调整参数，并由调整参数进行综合弹模的反演。但确定性模型对实测资料（如混凝土温度场等）要求较高，许多情况难以建立确定性模型，为此可采用混合模型对部分力学参数如平均弹模等进行反演。此外，国外众多学者也在岩体黏弹性参数反分析方面提出了一些实用的计算方法。在弹塑性问题的反分析研究方面，《中国隧道工程学术研究综述·2015》中论述了意大利学者首先利用单纯形优化方法进行弹塑性反分析问题，并提出了黏弹塑性增量位移反分析的复合形法，提高了优化效率。

4. 反馈分析与安全监控指标的拟定

安全监控指标是评价和监测大坝安全的重要指标，对于反馈监控大坝等水工建筑物的安全运行相当重要。拟定安全监控指标的主要任务是根据大坝和坝基等建筑物已经抵御经历荷载的能力，来评估和预测抵御可能发生荷载的能力，从而确定该荷载组合下监控效应量的警戒值和极值。由于有些大坝可能还没有遭遇最不利荷载，同时大坝和坝基抵御荷载的能力在逐渐变化，因此安全监控指标的拟定是一个相当复杂的问题，也是国内外坝工界研究的重要课题。为了监控大坝及其他水工建筑物的安全运行，目前坝工界对反馈分析的研究主要如下：

（1）拟定大坝等水工建筑物各个观测量的安全监控指标及其相应的水压、温度等控制荷载。

（2）根据安全监测资料，应用可靠度理论反馈大坝的实际安全度，以复核大坝的稳定、强度和抗裂安全度。

（3）分析裂缝、再生缝的物理成因、机理及其对建筑物结构性态的影响，以反馈控制裂缝发生和发展的临界荷载。

5. 大坝安全综合评判与决策

安全监测资料的正反分析和反馈分析，一般仅局限于对单项物理量的分析，存在一定的局限性。因此，在正分析、反分析和反馈分析基础上，对大坝等水工建筑物的安全性态进行综合评判与决策。综合评判与决策是指对各种资料进行不同层次的分析，找出荷载集与效应集、效应集与控制集之间的非确定性和确定性关系。然后通过一定的理论和方法或凭借专家的丰富经验进行综合分析和推理，以评判大坝等水工建筑物的工作性态。

1.3.2　国内研究进展

国内大坝安全监测优化布置是确保大坝安全监测有效性的关键技术。若监测项目及布置设计不合理，将无法达到工程监测的目的。因此，大坝安全监测项目及布置应符合相关技术规范要求，适应不同坝型结构特性，并根据工程设计、施工、维护加固、运行管理和原有监测资料的情况，重点监测影响和控制该工程安全性态的关键变量和关键部位。在监测项目和测点布置方面，需要进行结构优化，注意时空关系，确保相关影响的监测项目布置相互配合，以便进行综合分析。国内在大坝安全监测领域已取得了一些研究进展，涉及以下 4 个方面。

1. 监测信息采集技术

随着电子技术、自动控制技术和通信技术的发展，监测信息采集已趋向自动化。研究人员探索了各种监测信息采集方法，包括人工采集和自动采集。人工采集主要包括人工巡视检查和表面变形监测等。而自动采集则利用传感器、通信设备和测量控制单元等技术，实现对大坝安全监测信息的实时自动采集。

2. 监测信息管理与应用技术

为了高效管理和利用监测数据，研究人员开发了信息管理系统。利用计算机技术、数据库技术和信息管理技术，研究人员设计了信息管理系统，实现对监测数据的查询、添加、修改、删除、计算、识别以及图形制作和报表统计等功能。这些系统采用了 B/S 结构，实现了信息资源的共享和管理。

3. 监测项目布置和结构优化

大坝安全监测的布置对于监测的有效性至关重要。研究人员考虑了不同坝型结构特性、工程设计、施工、维护加固、运行管理以及原有监测资料等因素，针对影响和控制大坝安全性态的关键变量和关键部位进行了重点监测。同时，他们也注意到监测项目和测点布置之间的时空关系，确保相关影响的监测项目相互配合，以便进行综合分析。

4. 不同坝型的安全监测重点

根据不同坝型的特点，研究人员将安全监测的重点放在不同的方面。党林才等（2011）认为对于土石坝而言，主要关注渗流、变形、水位和雨量监测；而对于混凝土坝，林鹏等（2011）则认为主要关注变形、应力应变、温度、渗流和水位监测。研究人员还对新建大坝的监测进行了综合考虑，王士军（2008）认为不仅要考虑施工期监测以指导工程施工，还要关注水库蓄水期的安全监测，以验证设计和监测大坝的安全运行性态。对于已建成的大坝，主要针对工程异常部位和关键部位进行监测。

以上国内的研究进展为大坝安全监测提供了技术支持和理论指导，为确保大坝的安全运行提供了重要的基础。

参 考 文 献

［1］ 姜树海，范子武. 土石坝安全等级划分与防洪风险率评估 ［J］. 水利学报，2008，39（1）；35 - 40.

［2］ 何满潮，谢和平，彭苏萍，等. 深部开采岩体力学研究 ［J］. 岩石力学与工程学报，2005，24（16）：2803 - 2813.

［3］ 郭海庆，吴中如，杨杰. 堆石坝变形监测的灰色非线性时序组合模型 ［J］. 河海大学学报：自然科学版，2001，29（6），51 - 55.

［4］ 徐凤才，杨杰. 灰色系统理论在中长期洪水预报中的应用 ［J］. 东北水利水电，2004，22（7），10 - 11.

［5］　徐洪钟，吴中如，李雪红．相空间神经网络模型在大坝安全监控中的应用［J］．水利学报，2001
　　　　（6）：67－70．

［6］　邓念武，邱福清，徐晖．BP 模型在土石坝资料分析中的应用［J］．武汉大学学报：工学版，2001，
　　　　34（4），17－20．

［7］　马建，孙守增，杨琦，等．中国桥梁工程学术研究综述·2014［J］．中国公路学报，2014，27
　　　　（5）：1－96．

［8］　郑栋，李典庆，黄劲松．基于 CPTU 和 MASW 勘察信息融合的二维土性参数剖面贝叶斯表征方法
　　　　［J］．应用基础与工程科学学报，2021，29（2）：337－354．

［9］　刘苏忠，赵广超．大坝安全监控研究综述［J］．中国水运：下半月，2009，9（11）：147－148．

［10］　Bates Douglas M，Watts Donald G．非线性回归分析厦其应用［M］．韦博威，译．北京：中国统
　　　　计出版社，1997．

［11］　Fanelli M．Control of dam displacements［J］．Energia Elettrica，1975（52）：125－139．

［12］　Bonaldi P，Fanelli M，Giuseppetti G．Displacement forecasting for concrete dams［J］．Int Water
　　　　Power Dam Constr，1977，29（9）：42－50．

［13］　张斌，史波，陈浩园，等．大坝安全监测自动化系统应用现状及发展趋势［J］．水利水电快报，
　　　　2002，43（2）：68－73．

［14］　马睿，尹韬，李浩欣，等．大坝机理-数据融合模型的基本结构与特征［J］．水力发电学报，
　　　　2022，41（5）：59－74．

［15］　徐波，夏辉．某混凝土重力坝温度线膨胀系数反演分析［J］．水力发电，2010，36（10）：34－37．

［16］　陈正汉．非饱和土与特殊土力学的基本理论研究［J］．岩土工程学报，2014，36（2）：201－272．

［17］　《中国公路学报》编辑部．中国隧道工程学术研究综述·2015［J］．中国公路学报，2015，28
　　　　（5）：1－65．

［18］　党林才，方光达．深厚覆盖层上建坝的主要技术问题［J］．水力发电，2011，37（2）：24－28．

［19］　林鹏，王仁坤，康绳祖，等．特高拱坝基础破坏，加固与稳定关键问题研究［J］．岩石力学与工
　　　　程学报，2011，30（10）：1945－1958．

［20］　王士军．水库大坝安全监测自动化技术［J］．中国水利，2008（20）：56－57．

第 2 章

大坝安全监测要求及信息化需求

2.1 存在的主要问题

安全是发展的前提，发展是安全的保障水安全是生存的基础性问题，不能觉得水危机还很遥远，要高度重视水安全风险。水利既面临着水旱灾害、工程失事等直接风险，也影响到经济安全、粮食安全、能源安全、生态安全。我国自然气候地理的本底条件、水资源时空分布与经济社会发展需求不匹配的基本特征，以及流域防洪工程体系、国家水网重大工程尚不健全的现状，决定了当前和今后一个时期防洪安全、供水安全、水生态安全中的风险隐患仍客观存在。

随着我国社会经济的飞速发展，工业、农业与人们日常生活对水利工程的依赖性越来越强。而水库在防洪抗灾中起到的作用越来越大，社会经济效益越来越显著。正是由于水库的地位非常重要，因此必须要求水库在保证安全的状况下发挥出其综合效能。

国内对大坝安全十分重视，但仍存在少部分人不能从保障大坝安全的高度去深刻认识安全监测的意义和作用，常常为了压缩工程投资、增加工程隐形利润轻视甚至忽视大坝安全监测，导致安全监测达不到作用，大坝的安全隐患得不到及时发现，甚至最终酿成大坝失事的悲剧。

2.1.1 对大坝安全监测的认识不足

对大坝安全监测的必要性和重要性认识不足，有些地方认为大坝运行了很多年都没有观测设施，也照样完好无缺。有的地方在安全监测设施上未投入资金或投入较少，使得许多水库运行多年，一直都没有任何监测记录资料，导致无法对大坝安全状况作出客观的认定和评价，这就极大地影响了水库除险加固和大坝安全鉴定的有效性与针对性。

2.1.2 安全监测的设计方案不合理

大坝安全监测系统要保持健康可持续工作运行，首先需要一个科学合理的安全监测设计方案。许多大坝设计单位在大坝安全自动化监测方面缺乏经验，在设计方案时往往以大坝主体除险加固为主，使得设计出的方案不经济、不合理，并且大坝的设计方案优化工作往往交由施工单位来完成，这样就造成安全监测系统设计方案的耐久性与稳定性较差，缺乏可操作性。因此，设计单位应关注监测设备仪器以及技术的发展动态，不断采用先进的技术手段综合不同坝基、坝型的地质状况以及水库的运行性质等因素确定测点的布置和监测项目，做到合理设计监测项目，不缺漏测点布设。

一座大坝是从勘测设计开始的，经过施工、交付投产运行。因此安全运行建立在前者的基础上，大坝安全必然与这些环节密切相关，只要这些环节中任何一个环节出现问题，都必然给大坝留下隐患或带来不安全因素；而监测仪器埋设失灵，首次蓄水前监测资料未及时获取等失误，将是无法弥补的。只有尽可能地优化设计、尽可能地精心施工、尽可能地合理运行，才能最大限度地保障大坝安全监测系统处于正常使用状态，从而使监测系统真正起到大坝安全的耳目作用。

2.1.3　大坝监测设备的安全监测水平较差

大坝监测数据的收集与传送必须精确、准时，尤其是在狂风、大雨以及地震等恶劣气候的环境下依旧可以及时可靠地进行数据收集。然而，目前我国很多大坝监测工作仍然使用传统人工监测的方法，无法保证在恶劣的气候环境下收集可信度较高并且准确的数据信息。

2.1.4　大坝安全监测设备管理存在问题

针对大坝安全监测系统中现有的标准与监管要求，自动化安全监测设备出现了众多问题，其主要原因是监测设备陈旧、精确度低，安全可靠性差。部分大坝安全监测设备在使用时，缺乏监测工序，未安装监测设备。在日常管理中，不重视监测设备的管理维护，导致安全监测设备损坏。

2.1.5　大坝监测自动化程度低

监测自动化系统具有测读快、准确性高、传输和处理迅速、改善观测条件和降低劳动强度的优点。近年来部分大坝在除险加固过程中进行了监测自动化改造。部分大坝自动化监测系统因规划不周，仪器稳定性差等原因，设备时常出现故障，致使观测数据不连续。

除此之外，用于大坝安全自动化监测数据讨论的方法、理论以及大坝安全监管信息系统等新型科技更新较快，部分大坝仍旧无法做到实时监控大坝，导致监测数据不准确。

2.1.6　监测数据分析浮于表面

通过人工和自动化系统进行数据监测，整理统计日、月以及年度综合分析报告。因监测过程中出现的不可控因素，导致监测数据浮于表面，缺乏深度，决策部门在使用监测数据时难免受到不同程度的影响。

2.2　新形势和要求

2.2.1　新时代对水利工程提出更高要求

水利关系国计民生，在国家发展全局中具有基础性、战略性、先导性作用，中国式现代化需要有力的现代化水利支撑保障体系。实现高质量发展这一首要任务，水利是基础性支撑和重要带动力量。

2023 年是深入贯彻落实党的二十大精神的开局之年，是全面建设社会主义现代化国家开局起步的重要一年。要持续深入学习贯彻党的二十大精神和习近平总书记治水重要论述精神，锚定推动新阶段水利高质量发展目标路径，做到前瞻性思考、全局性谋划、整体性推进水利重点工作。

（1）构建水利智能业务应用系统。建成多源空间信息融合洪水预报系统、高精度河流水系分区雨水情预报模型，增强流域水工程防灾联合调度能力。推进全国取用水平台整合，建设生态流量、水量分配监测预警系统。整合水利工程建设管理、水利工程运行管理系统，持续拓展水行政执法、河湖监管、节水管理、水土保持、水文管理等业务应用。

（2）强化水库安全管理。健全水库大坝安全责任制。建立覆盖所有水库的信息档案，全面、精准、动态掌握水库基本情况。严格水库运行监管，统筹病险水库除险加固与安全度汛，加快小型水库雨水情测报和大坝安全监测设施建设，逐库修订完善调度方案、应急预案。主汛期病险水库原则上一律空库运行。每一座水库都必须落实安全运行管理责任，都必须责任到机构、责任到岗、责任到人。

（3）抓好水利工程安全度汛。健全在建水利工程安全度汛工作监管体系、责任体系、标准体系，汛前分级开展全覆盖闭环检查。强化淤地坝安全度汛，管住增量，改造存量，加快实施病险淤地坝除险加固。抓好灾损水利工程设施修复，倒排工期、压茬推进，主汛期前基本完成修复任务。强化水库、堤防等工程汛期巡查防守，险情抢早、抢小，及时处置，确保安全。

（4）提升水利工程联合调度水平。统筹运用河道及堤防、水库、蓄滞洪区等各类水工程，综合采取"拦、分、蓄、滞、排"等措施，充分发挥水利工程体系减灾效益。强化水利工程联合调度，实现协同作战，做到联调联控、共同发力，科学、精细调控洪水。

（5）加强对监测人员技术培训。大坝安全监测人员的更换比较频繁，而且专业技术有待进一步提高，因此要广开渠道，加强对工作人员的技术培训；同时，还要不断地开源，多探寻一些途径，来解决当前我国大坝安全监测工作的经费需求问题。不仅要将其列入基建工程概算之内，而且还要不断地对监测设备和装置进行更新换代，该退役的监测设备不能再继续服役。

2.2.2 深化改革对管理提出更高要求

改革开放以来，我国水利事业发展迅速，建设了诸多的水利工程，并且工程规模也在不断地扩大，为社会经济的发展做出了较大的贡献。但是水利工程规模的扩大，增加了大坝安全运行的复杂程度，对大坝管理提出了更高的要求。因此，为了促使水利水电工程能够安全稳定运行，就需要重视大坝的安全监测技术。

（1）要充分认识加强大坝安全监测工作的重要性和必要性。大坝安全监测是大坝安全管理的重要组成部分，是掌握大坝安全性态的重要手段，是科学调度、安全运行的前提。通过安全监测和资料整编分析，掌握施工期工程建设质量、运行期大坝安全程度，及时发现存在的问题和安全隐患，从而有效控制施工、检验设计，监控大坝工作状态，保证大坝安全运行。

（2）要规范新建大坝安全监测设施建设。各级水行政主管部门要督促指导水库主管部门和单位，高度重视水库大坝安全监测设施建设，项目法人要组织参建各方切实做好新建水库大坝安全监测设施的建设。大坝安全监测设施要与主体工程同步设计、同步建设、同步验收。

（3）要做好运行期水库大坝安全监测和资料整编分析工作。管理单位或主管部门（单位）要根据仪器监测和巡视检查项目及工程特点，按现行技术规范要求，制定监测规程和巡视检查制度，建立监测资料数据库或信息管理系统，及时整理各监测项目的原始数据，认真做好大坝安全监测资料整编，确保数据准确、完整。水库大坝进行除险加固、扩建、改建或监测系统更新改造时，应采取必要的替代措施，尽量保持监测资料的连续性和完整性。

（4）要突出做好小型水库安全监测工作。小型水库安全监测是水库大坝安全监测工作中的薄弱环节，是影响水库安全运行的突出因素。地方各级水行政主管部门、水库主管部门（单位）以及水库管理单位要切实做好小型水库安全监测工作。小型水库应设置水尺、量水堰等水位、渗漏量和浑浊度观测设施，并根据需要增加其他必要的安全监测项目。

各级水行政主管部门要加强对水库主管部门（单位）和管理单位的指导和督促检查，要建立健全大坝安全监测和巡视检查相关规章制度，落实水库大坝安全监测设施管理人员、维修养护资金等各项保障措施。

2.2.3　信息技术助力安全监测现代化

信息化管理作为一种有效的管理手段，对提升大坝安全监测管理水平、理顺大坝安全监测内部机制、降低大坝安全监测成本等起到了关键的作用，因此重要的水库大坝都建有大坝安全监测信息采集及管理系统，可实现对数据的采集与安全管理。但这些系统无法形象高效地实现大坝安全状态的实时分析及诊断预警，不能满足多层级大坝安全管理需求，亟需引进新理论、新技术和新模式，从工程措施和非工程措施两方面发力，切实提高大坝安全管理水平。近年来，物联网、边缘计算、云计算、数字孪生等现代信息技术飞速发展并逐步成熟，为有效解决大坝安全运行问题提供了新途径。

2.2.3.1　大坝安全管理的数字孪生技术

数字孪生是充分利用物理模型、传感器更新、运行历史等数据，集成多学科、多物理量、多尺度、多概率的仿真过程，在虚拟空间中完成映射，从而反映相对应实体装备的全生命周期过程。数字孪生其实就是在一个设备或系统的基础上，创造一个数字版的"克隆体"。

传统的信息展示方式已经不能满足新时期水库大坝监管需要，数字孪生技术为水利工程管理带来了新的展示方式，它具备全生命周期、实时或准实时、数据双向流动等特点，为水利工程管理智慧化转型提供了新理论、新技术和新模式。

通过采集水库大坝的水情、雨情、工情、监测、图像等信息，构建相应的数字孪生体，综合分析水利工程当前运行的状况和历史过程，通过相关模型演算未来发展趋势，并运用建立的水库大坝安全诊断与预警指标方法体系，实现异常智能化识别和自动化预警报警。除此之外，系统设置管理功能，可以对辖区内的水库进行综合调度和系统评价，并根据需要制定分析统计报表。数字孪生在水利工程管理方面的应用还处于初级阶段，要想实现虚拟场景与现实状况完全孪生，还需将水利专业与 GIS、BIM 技术更好地融合，进一步实现水库大坝安全的理论突破、技术探索、业务理解和模式创新。

2.2.3.2　物联网技术对大坝安全监测技术的影响

物联网是继计算机、互联网和移动通信网络之后全球信息产业的第三次浪潮。它把信息技术充分应用于各个行业、各个产业，通过安装在各类物体上的射频识别电子标签 RFID、二维码、红外感应器、全球定位系统、激光扫描器等组成的智能传感器经过接口与无线通信网络、因特网互连，实现人与物、物与物相互间智能化地获取、传输与处理信息的网络，其核心是智能传感网技术。大坝安全监测技术也是一门多种技术相融合的综合技术，其中传感器技术更是它的核心。因此，当物联网的出现很大程度地改变了其现有的技术背景时，对大坝安全监测技术进行适应性调整并科学规划未来发展方向就成了迫在眉睫的工作。

物联网是实现世界上物与物、人与物、人与自然之间的对话与交互，物联网的精髓是感知，这和大坝安全监测技术有极大相关性，因为大坝安全监测传感器技术就是一项实现感知功能的实用技术。这就为安全监测技术接轨物联网技术提供了良好的技术背景。由于物联网技术还要求实现与互联网、无线通信网的技术接轨，因此物联网技术在给大坝安全监测技术带来新的发展机遇的同时，也对大坝安全监测技术今后的发展提出了更高的要求。首先，必须在传感器的设计制造方面进行技术改进，使之微型化、无线化、电子标签化，在测量技术方面能实现数字化、微功耗，在信息处理方面能实现智能化、网络化。

2.3 信息系统需求分析

水库由于建成时间较早、地处偏远、自然条件较差，水库管理部门尚未建设满足水库管理需求的自动化监测设备，运行管理信息化建设总体滞后，信息收集传递技术含量低，水库监管手段落后，监管能力有限、效率不高，水库运行管理信息化建设亦不能全面适应现代信息技术的发展形势，其管理方式不能满足水库现代化管理工作的需要，直接影响了水库运行安全管理效率和效果。水库运行管理信息化建设主要存在以下问题：

（1）监测自动化程度低。很多水库由于整体自动化水平较低，无法为水库管理人员提供监测数据。水库管理方面，基础信息采集、信息传输、水量调度仍以人工作业为主，时效性差、数据准确性低，无法对库区水雨情进行监测无法实时掌握库区实际情况，不能满足水库安全稳定运行需要。

（2）决策支撑能力不足。在水雨情监测方面，目前无法做到实时预报预测、无法与指挥决策过程进行交互，缺乏决策支持能力；预测、预报、调度模型缺乏，以经验调度为主。在数据方面，专题化、体系化数据管理工具缺乏，支撑水利数据转化为专题化、模型化、系统化、体系化的水利知识的学习环境有待优化。

（3）信息化管理手段缺失。水库"重建轻管"问题较为突出，大多采取传统水库管理模式，水雨情监测设施少，不能有效满足水库运行需求。水库信息化设施安装率较低，仍采用人工进行观测，工程运行调度方案、防汛抗旱应急预案结合实际不够，可操作性不强，演练、培训少，信息监测手段的缺失致使管理服务应急能力较弱。随着水库安全管理要求的加强和信息化系统的建设，需要引进水库自动化、信息化监测手段来助推管理水平的提升。

2.3.1 业务需求

水库运行管理信息化项目建设是水库现代化运营管理的必经阶段，是实现水库现代化、智能化和协同化运营管理的关键，具体表现为"物联感知、互联互通、科学调度、智能管理"，全面提高水库运行精细化管理能力和水平，提升水库对自然灾害、突发事件的应急决策能力，提升科学管理水平，带动水库运行管理的现代化进程。

大坝安全监测预警系统要能够实现各类信息数据、报表的上传，实时利用监测系统对大坝安全进行监控及数据共享，利用视频监控系统对大坝及附属建筑物进行动态监控，减少人为重复性劳动，最终实现"无人值班，少人值守"的目标；大坝安全监测自动化控制系统要能够快速、准确地进行大坝安全参数测量、数据采集和传输，并能够进行资料整编和分析，减少人为因素的不确定性；通过大坝安全监测信息的采集、传输、存储和处理（监测数据的分析），要能将实时监测数据（水位、雨量、渗流等）接入到信息化系统中，并通过终端服务器可实时掌握监测情况。通过全面构建大坝安全监控和管理系统。以期全面提升大坝安全管理与服务能力，提高防灾减灾能力，有效保障工程安全、饮水安全与公众安全，为构建"数字水库"提供基础条件。

大坝安全监测预警系统应包括水库概览模块、自动化监测模块、运行管理模块、应急预案及调度模块等。

2.3.1.1 水库概览模块需求分析

由于投资渠道，管理单位的不同，在信息化大坝安全监测预警系统建成之前，各水库的自动化监测信息例如水位、雨量、水质、渗流情况，各水库的工程情况例如坝高、管理单位、工程规模、库容等信息在各单位间存在信息条状分割，信息共享困难，信息统一管理程度低等情况。

为解决各单位长期存储、共享水库信息、管理员便捷清晰了解水库全方位属性、相关人员直观了解运维人员巡检情况等需求，设置水库概览模块。

1. 水库地理信息展示

该功能要能够通过地图形式直观地展示水库的信息，如果某个水库有报警信息，给用户相关提示（红点闪烁）；列表展示水库的一些详细信息（如水位、蓄水量等），如果巡检有异常信息，预警状态栏为红色字样。能够通过权限控制展示信息，例如管理人员进入系统可以看到所有的水库信息，各水库人员若未经特殊授权，进入系统后只能看到有权限的水库信息，经过申请后，各水库人员能够查看所申请的水库信息。

2. 水库水文、地质等信息展示

该功能能够通过列表形式清晰地展示水库名称、坝顶高程、管理单位、校核洪水位、坝长、防洪限制水位、工程规模、所在地、设计洪水位、总库容以及当前水位等信息。

2.3.1.2 自动化监测模块需求分析

为满足管理者需求，充分发挥水库监测系统的作用，设置自动化监测模块，以期为管理者提供及时、准确、完整的水雨情、大坝安全监测、水库水质出库流量、渗流量等数据及其分析结果。

另外，水环境的状况越来越多地得到关注和重视。水质监测信息是水质情况的直接反应，是水质信息统计与发布的基础。目前，水质监测已经从以前完全依靠人工采集、处理、分析、传输，逐步向自动化方向发展，先进的数据采集技术越来越多地应用水质监测。然而，随着通信技术和网络技术的飞速发展和广泛应用，水务工作者希望能够更便捷、更直观地获得水质信息，对水质变化和污染物总量进行有效地监控，掌握水质的变化趋势，能够更及时、更准确地得到动态数据处理结果，因此，精确、高效的水质监测数据分析功能对呈现水库水质信息的直观化和真实性具有重要的意义。

1. 水库全景展示

系统能够根据水库实时水位的不同，展示不同的水位全景图，并且用户可以转动看图，当管理员点击相应的监测点，可以进入相应的监测界面。管理员可以添加水位及相应的测点信息，普通用户只能查看信息。

2. 实时传输水库实景

视频监控功能可以将水库的实时视频画面采集并回传至信息化系统，当管理员离水库较远或者因极端天气不方便现场监测水库工程设施时，可以通过实时视频监控来查看水库的情况。管理员可以通过监控摄像头对某一水库图像进行调焦、旋转角度等操作。另外，管理员还可以选择查看历史视频数据，当管理员选择需要查看的日期和时段时，就可以回放水库监控视频。

3. 历史数据查询功能

历史数据查询功能包括：水位数据查询、雨量数据查询、供水量数据查询、渗流情况查询等。水位数据、雨量数据和供水量数据包括日、月、年报表统计，并且以图表的形式将以上数据展示给用户。渗流情况包括日、月、年渗流过程线统计情况，能够让水库管理者很容易分析出水库的运行状态是否安全。

4. 水质监测情况展示

水质监测功能能够实时监测并显示水库水质状况的综合指标，如温度、浊度、pH、电导率、悬浮物、溶解氧、化学需氧量、生化需氧量，有毒物质如酚、氰、砷、铅、铬、镉、汞和有机农药等，余氯、细菌总数和金属指标等。

5. 水库监测情况数据填报

管理员能够对水位、雨量、供水量、渗流量和 34 项水质参数等进行网上填报，填报后的数据能够长期存储在信息化系统的数据库中，方便各单位共享和统一管理上述信息。

6. 定时段水库监测点图片信息展示

为方便管理员集中监测水库某个监测点在某个时段的情况，该功能可以为管理员展示在某个时段针对某监测点定期采集的图片信息，并且对该时段内的图片进行轮播，使得视频信息采样具有代表性和统计性，方便管理员快速了解某时段水库的大致情况。

7. 预警情况设置

管理员可以手动设置水库的最高和最低水位，如果实际水位超过或低于设置的水位，则系统会产生预警信息。另外，管理员还可以选择水库管理目标人员，若产生预警信息，系统将会发送包含预警信息的短信至选定人员的手机。

此外，系统还需要包括能够查询短信发送记录和预警记录的功能，方便管理人员了解水库预警历史情况以及负责人处理情况，为后续保障水库安全运行提供可靠信息。

2.3.1.3 运行管理模块需求分析

水库是对水资源进行管理与利用分配的主要工具，是整个水利系统的核心，在我国水库的运行管理水平有很大的提升空间，为满足水库有效管理的需求，需设置运行管理模块。

1. 巡视检查管理

在软件系统中，需要设计巡视检查管理子模块。首先，需要有巡视检查概览情况，方便管理者便捷直观地了解当月巡检完成情况、负责人员等信息。概览功能能够以日历的基础形式展示当月的巡检概况，每日的巡检负责人，以不同的颜色区别巡检正常和异常情况。当点击相应的日期时，能够显示各巡检点如坝顶、坝基、坝端等巡检详情。

2. 巡视检查管理

为明确巡检范围，软件系统需要能够为管理员提供各水库的巡检点信息，如巡检点编号、巡检点名称、经纬度、巡检周期和巡检范围半径等。另外，管理员可以新增、修改和删除巡检点信息，还可以导出巡检点的全部信息等。

3. 巡视人员管理

为方便管理者获取巡检人员信息，巡视人员管理功能能够管理巡检人员信息，如查询、新增、修改、删除、导出各巡检人员信息（姓名、性别、手机号、部门和职责）等。

4. 巡检排班管理

为落实巡检制度明确巡检责任，需要有合理且规范的排班制度。软件系统需要为管理者通过巡检排班管理功能来完成巡检排班，排班内容包括日期、当日值班领导、当日值班人员、当日值班司机以及值班操作等。

5. 巡检记录管理

为记录巡检历史，为后续水库安全运行管理提供事实依据，软件系统需要完成巡检记录功能来记录巡检详情，如巡检时间段、巡检人员、发现问题数目和详细描述、巡检路径等，并且可以以图片形式进行辅助展示。

6. 考核统计

为使巡检机制执行更加规范，提升巡检人员的自觉性和责任心，软件系统需要提供考核统计功能。考核统计功能能够展示各巡检人员每月完成的巡检次数和发生的异常情况次数，更好地监督和管理巡检工作。

7. 年度巡检和专项巡检

除日常巡检工作如大坝、溢洪道、输放水设施、闸门等重要工程及部位外，软件系统还需要提供年度巡检管理和专项巡检管理功能。水库的年度巡检包括每年的汛前汛后、用水期前后、冰冻较严重的地区的冰冻期和融冰期、有蚁害地区的白蚁活动显著期等，应按规定的检查项目，对土石坝进行全面的巡视检查，检查次数一般每年不少于两三次。在专项巡检管理功能中，需要能够提供当库水位达到工程设计正常蓄水位或者当工程遇到严重影响安全运行的情况（如暴雨、地震、大洪水、水位骤升骤降或持续高水位等）时，管理员进行的专项检查记录（包括存在的问题和整改措施等）。

8. 运行日志管理

为记录运行操作，方便管理员了解水库所有运行操作记录，追溯问题或隐患发生原因、规范运行操作、明确事件责任人、为后续运行管理提供宝贵经验，软件系统需要提供运行日志管理功能。该功能能够使得管理员查询、新增、导出水库运行记录，包括运行操作时间、运行人员和具体运行日志等。

9. 组织管理

为清晰展示各水库管理人员组织架构，软件系统需要采用树形结构展示各水库的主要负责人以及下属人员的姓名、电话、岗位、持证信息等。

2.3.1.4 应急预案及调度模块需求分析

为有效防止和减轻灾害损失，保证水库安全；在确保水库安全的前提下，对水库进行合理调度运用，以实现最大综合效益的一种科学管理手段，是水库管理的中心环节。随着我国经济的快速发展，各行各业对水资源的需求提出了更高的要求，水库调度管理不仅需处理好防洪与兴利的关系，还需协调各部门的用水需求、恰当安排蓄泄关系、优化水资源配置。水库调度管理工作不仅关系到水库效益的发挥和各用水部门的利益，且关系到水库安全和上下游人民生命财产安全的重大问题。

1. 水库防汛应急预案

（1）应急预案内容展示。水库防汛应急预案子模块能够为各水库管理员提供经各地政府和水库管理机构共同制定的各应急预案的名称、制定单位、编制日期等信息，并且以电子文档形式留存各版本的应急预案，方便后续水库的安全运行管理。同时，该子模块需要为管理员提供在线预览各应急预案具体内容和上传新预案的功能。应急预案需要满足能够明确应急指挥机构各成员单位职责、具有很强的可操作性、具有版本发放记录和具体的使用险情场景，能够使得管理员在水库险情发生时，快速查找到合适的预警预案。

（2）应急预案审批流程展示。为了规范应急预案的发布过程，应急预案在使用之前必须要上报上级主管部门并且由上级主管部门审核通过后，才可以在险情出现时使用。另外，要便于管理员能够清晰地了解应急预案的审批单位、审批人和审批流程等信息，以推进审批流程（如当某审批人因其他事务延缓了审批流程时，可以通过审批流程具体内容联系到该审批人来加速进程）。

2. 水库调度规程

为理清水库调度管理思路、规范水库调度管理过程和推动水库调度管理发展，水库安全监测预警系统还需要提供水库调度规程子模块。

水库调度规程子模块能够为各水库管理员提供经水库管理各机构共同制定的水库调度规程的名称、制定单位、编制日期等信息。已发布或者待审核的水库调度规程需要满足同时包括供水、灌溉、防洪等多种场景，具备完整的兴利计划、汛期调度计划等要求。同时，该子模块需要为管理员提供在线预览各应急预案具体内容和上传新预案的功能。

为了规范水库调度规程，调度规程在发布之前必须要上报上级主管部门并且由上级主管部门审核。另外，要便于管理员能够清晰地了解调度规程的审批单位、审批人和审批流程等信息，以推进审批流程（如当某审批人因其他事务延缓了审批流程时，可以通过审批流程具体内容联系到该审批人来加速进程），使得规程顺利发布。

2.3.2 网络需求

随着"两化融合"的日益推进和物联网的迅猛发展以及智能设备的广泛使用，大坝安全监测监控系统也在经历深刻的变革，传统意义上的相对封闭和稳定环境的系统，正在逐步打破"信息孤岛"的局面，随之而来的各种网络攻击、安全威胁也不可避免地暴露出来。大坝安全监测监控系统一旦遭到攻击破坏，将给人民的生命财产造成重大损失，甚至威胁国家战略安全。水利部在水利网信工作要点中指出：要深入贯彻国家网络安全战略，全力加强网络安全监管，加强水利关键信息基础设施网络安全保护，抓好网络安全监督检查，完善网络安全信息通报机制，开展水利工控系统网络安全防护工作。

大坝作为国家关键基础设施的重要组成部分，安全监测监控系统网络安全需要重点防护。如何加强网络安全检查，摸清家底，认清风险，找出漏洞。首先应从大坝安全监测监控系统网络安全风险评估入手，使用符合大坝安全监测监控系统特点的理论、方法和工具，准确发现安全监测监控系统存在的主要问题和潜在风险，制定大坝安全监测监控系统网络安全防护技术解决方案，实施相应的安全保障措施，指导大坝安全监测监控系统的安全防护建设，建立大坝安全监测监控系统网络安全纵深防御体系。

风险评估是从风险管理角度，运用科学的方法和手段，系统地分析网络与信息系统所面临的威胁及其存在的脆弱性，评估安全事件一旦发生所造成的危害程度，提出有针对性的抵御威胁的防护对策和整改措施，其防范和化解信息安全风险的有效性得到了世界各国的高度认可。风险评估已成为目前各类信息安全服务中需求最为普遍的基础性服务工作之一。

大坝安全监测监控系统网络安全风险评估的主要包含技术评估和管理评估两个方面，其中技术评估主要包括监测监控系统中的操作员工作站、数据服务器、通信服务器、核心交换机、路由设备、现地数据采集终端、闸门现地控制单元等工控设备资产以及软件资产等，发现各级别的漏洞风险；获取工控网络中的网络流量，发现可能存在的异常流量。管理评估主要涉及资产识别、人员访谈、问卷调查等，了解大坝安全监测监控系统管理方面存在的风险。风险分析包括管理差距分析、漏洞分析和流量安全分析 3 个方面，具体如下：

（1）管理差距分析。按照《工业控制系统信息安全防护指南》的要求，从制度建设和执行效果这两个维度开展管理差距分析，识别出管理方面存在的风险。

（2）漏洞分析。将监测监控系统相关工控设备资产和软件资产与工控漏洞库进行比较分析，识别出存在的各级别的漏洞风险。

（3）流量安全分析。对工控网络流量端口、协议等开展深度分析，判断出异常流量，识别流量风险。

根据分析结果计算风险值的大小，将风险分为极高风险、高风险、中风险和低风险 4 级，并编制风险评估报告，报告的内容应包括风险评估的目的、评估过程、风险评估统计数据、风险处置措施等内容。

针对不同风险，主要采取以下风险处置方法：

（1）制度修订。通过新增或修订现有制度或安全管理策略文件的方式，将安全管理要求落实在制度或安全管理策略文件内，并要求遵照执行。

（2）管理优化。针对现有各类安全管理要求，加强安全意识教育和培训，加强对各类要求的落实情况监督检查。

（3）技术改造。针对现有技术管控中存在的不足，对现有工控设备、工具进行改造或引入成熟工具、设备，从技术上实现相应的管控要求。

2.3.3　系统安全需求

系统安全是指在系统生命周期中应用系统安全工程和系统安全管理方法，识别系统危险并采取有效的控制措施以最大限度地降低风险。系统安全体系是人们开发和研究以解决复杂的系统安全性问题的理论和方法。系统安全的基本原理是，在新系统的构想阶段，必须考虑安全问题，制订并执行安全工作计划（系统安全活动），并在整个系统中进行系统安全活动，直到系统被破坏。

安全建设要求以国家信息安全等级保护三级标准作为建设依据，其建设内容包括网络安全、防止恶意代码入侵、安全监控一体化平台、内网安全管理和准入控制需求等内容。

1. 网络安全

对项目核心数据中心的网络安全进行设计，结合国家信息安全等级保护的指导架构，进行网络安全建设。

2. 防止恶意代码入侵

防止恶意代码入侵，做好机房边界网络的安全防护，通过部署网络杀毒软件、入侵防御系统、入侵检测系统、网页安全防护、防毒墙等设备，防止恶意代码的入侵。

3. 安全监控一体化平台

安全监控一体化平台要求对系统运行过程中的安全事件进行实时采集、监控和报警，并对安全风险能够进行可视化的分析和评估，并依据设定的安全策略进行处置，实现电子化、个性化监管。

4. 内网安全管理和准入控制需求

对内网安全和系统准入控制进行管理，保证业务应用系统及企业正常事务工作的顺利安全运行。系统需要建设成管理安全、数据安全和系统安全三位一体的安全体系。

（1）管理安全。对用户权限进行管理。根据管理职能和角色不同，按其功能权限、操作权限和数据权限进行不同设置，实现严格的权限控制功能。系统对不同用户如系统管理员、运行操作员和一般监视员建立基于用户组的用户管理机制，进行分类管理，如运行操作员具有对现场设备的操作控制权，而系统管理员可进行系统授权管理。

首先，系统将根据信息密级程度以及用户对信息需求的不同，将信息和用户从低到高划分为若干个等级，并严格控制用户对信息的访问权限。其次针对计算环境动态性、跨组织性、服务的多样性等特点，通过身份认证与权限控制技术，严格控制用户对信息资源的访问，从而有效地保证数据与服务安全。

用户身份认证信息应当在服务器上加密存放。客户的登录名、口令等身份信息不可明文存放在数据库表或配置文件中，推进国产密码在系统中的应用，同时对系统进行备份与恢复管理。

（2）数据安全。系统接口软件需从系统设计上解决数据录入、维护、存储和传输各环节的数据安全性和保密性问题，尤其是利用公网进行系统操作时，必须采用数据加密传输措施。采用企业级多层次安全防护措施，实现自动黑洞清洗和多用户资源隔离机制，支持异地容灾机制，提供多种鉴权和授权机制及白名单、防盗链等功能。

为了保证信息在存储和传输过程中不被非法下载、泄漏或恶意篡改，将采用数据加密、数字签名技术和信息隐藏技术，建立有效的数据加密、数据隔离、数据校验、数据备份、灾难恢复机制，从而保证数据的机密性和完整性，为用户营造一个安全的环境。

（3）系统安全。平台涉及大量的重要数据，必须在平台上实施严格的安全管理和访问措施，避免内部员工或者其他使用服务的用户、入侵者等对用户数据的窃取及滥用的安全风险。系统进行统一的数据资源再分配，实现不同业务数据的有效隔离，并采用现有主动防御技术，如访问控制、安全组防火墙、安全与划分、专有网络等信息安全技术，保证存储在平台的系统与数据的安全。

参 考 文 献

［1］　李立新 . 关于全球物联网发展及中国物联网建设若干思考 ［J］. 现代工业经济和信息化，2017，37 (10)：88 - 90.

［2］　毛良明，沈省三，肖美蓉 . 物联网时代来临大坝安全监测技术的未来思考 ［J］. 大坝与安全，2011 (1)：11 - 13.

第 3 章

大坝安全监测预警
系统平台

大坝安全监测预警系统平台是智慧大坝的典型应用。大坝安全监测预警系统平台以数字大坝为基础，以物联网、智能技术、云计算与大数据等新一代信息技术为基本手段，以全面感知、实时传送和智能处理为基本运行方式，对大坝空间内包括人类社会与水工建筑物在内的物理空间与虚拟空间进行深度融合，建立动态精细化的可感知、可分析、可控制的智能化大坝建设与管理运行体系。

平台把地理信息系统、网络通信技术、数据库技术、系统仿真及坝工技术等与大坝各种功能需求联系在一起，为智慧大坝提供了基础。随着物联网等信息技术的不断进步，各种传感器等的普遍使用，使得感知范围能够涵盖大坝空间，实现空间信息全面数字化；新式通信传送设备等的普遍使用使传送效率与稳定性进步一步提升；同时基于云计算与自然计算等智能计算的处理过程，充分利用知识库、模型库和信息库的知识挖掘，实现信息处理智能化和实现物理空间与虚拟空间的深度融合，做出科学的决策，通过反馈装置反馈给人或设备，采取相应的措施以有效解决相关问题，从而提高水利水电工程的效益。平台赋予大坝空间环境智慧，其智慧高低一般取决于精确的感知、可靠的传送、丰富的知识、运算速度与处理方法的应变性所达到的程度。在具体实施与实现时，大坝安全监测预警系统平台则是采用基于主动结构的理念；在顶层决策时，依靠智能处理，使得其具有一定的自主性。为方便理解平台的含义，可简化表述为"平台＝数字大坝＋物联网＋智能技术＋云计算＋大数据"，即智慧大坝是基于物联网的扁平结构，其具有如下一些特征。

1. 整体性

平台是一个系统，其功能不是由构成系统的各个要素简单机械相加就可实现的。因为，除了这些构成要素之外，各要素相互之间的关系催生了系统的系统质或整体质。在平台系统中，诸如规划、设计、施工等子系统的功能和属性相加之和，并不能构成整个大坝的功能和属性。平台在技术上是建立在一系列不同的系统之上的"系统之系统"。系统整体功能大于各要素功能之和。以物联网、智能技术、云计算与大数据等新一代信息技术为支撑的智慧大坝能够凸显整体特性，使之成为一个有机体，各部分功能协调工作，实现整体运作。

2. 协同性

在目前的大坝体系中，不同部门和组织之间的界限将实体资源和信息资源分割开来，使得资源组织分散。在平台中，取得授权的任何应用环节都可以在"互联网＋"平台上对系统进行操作，使各类资源可以根据系统的需要发挥其最大价值，从而实现大坝各类信息的深度整合与高度利用。各个部门、流程因资源的高度共享实现无缝联接。正是智慧大坝高度的协调性使得其具有统一性的资源体系和运行体系，打破了"资源孤岛"和"应用孤岛"。

3. 融合可扩展性

以物联网、智能技术、云计算与大数据等为标志的新一代信息技术的诞生，使信息技术向智能化、集成化方向发展，同时使得信息网络向宽带、融合方向发展，这些为信息技术与其他产业技术实现深度融合，提供了重要的技术基础。运用新一代网络技术将所有的大坝系统部件赋予相应的网络地址，通过覆盖全部大坝空间的物联网接入互联网等网络，实现大坝的全面互联；对大坝生产运管产生的海量数据、信息和知识，可以实现有效存储和实时更新，并通过虚拟化技术如 VRP 实现信息资源的深度融合。云计算平台通过智能物体构成云端，利用互联网网络基础设施，以虚拟化的信息资源中心为共享条件实现运作。新一代信息技术被全方位地应用到智慧大坝的各项系统和流程之中，从而实现了物理大坝的"智慧化"，其具有高度的融合可扩展性，这是智慧大坝的特有属性。

4. 自主性与鲁棒性

在平台中，基于物联网的感知层可能包含数以千计的传感器节点，这些节点根据功能需求进行布置安装。对有大量节点构成的传感网络进行手工配置是不具有现实操作性的，因此需要网络具有自组织和自动重新配置的自主性。同时单个节点或局部范围的部分节点由于环境改变等原因发生故障时，网络拓扑能够随时间和剩余节点现状进行自主重组，同时自动提供失效节点的位置及相关信息。因此，平台要求网络具备动态自适应和自维护功能，以及对环境扰动等条件变化的良好鲁棒性。

3.1　系　统　架　构

系统由五个基本环节构成，即大坝空间层、主动感知层、自动传输层、智能分析层和智能化实时管理决策层。大坝空间层是物理层，是主动感知层的感知和处理对象；自动传输层将主动感知层获取的信息传送至智能分析层的储存空间；信息在智能分析层中进行分析处理；智能化实时管理决策层的各服务子层调用智能分析层，智慧表达处理结果，并将决策信息反馈回感知层，反作用于大坝空间。

大坝安全智能监测预警系统基本架构如图 3-1 所示，主要由大坝信息实时主动感知模块、联通化实时自主传输模块、智能化实时分析模块及智能化实时管理决策系统等四个层级模块组成。其中大坝信息实时主动感知模块、联通化实时自动传输模块、智能化实时分析模块构成了智慧大坝的物联网与大数据骨架，与大坝空间和智能化实时管理决策系统一并构成了大坝管理运行体系。

1. 大坝信息实时主动感知模块

大坝信息实时感知模块是智慧大坝信息基础的来源途径，通过在大坝空间管理对象中广泛设置的由射频标签、感知芯片、监控探头、卫星定位等智能设备和传感器及各种数据接口构成的智能型分布式自动监控系统实现主动感知，自动采集包括规划信息、设计信息、施工与运行等阶段的信息，并赋予唯一的名称属性和世界时间属性。通过各项感知技术的应用以及覆盖整个大坝空间的感知网的建设，智慧大坝的各个服务应用系统可以获取实时、有效、全方位的多种类型的整合感知信息。大坝感知层要用到的感知技术有：

（1）传感器技术，实现大坝全面感知的各类传感器是智慧大坝获取信息的来源，已经在数字大坝建设中得到应用。

（2）智能识别（RFID）技术，RFID 是 Radio Frequency Identification 的缩写，即射频识别，常被称为感应式电子晶片或近接卡、感应卡、非接触卡、电子标签、电子条码等。最基本的 RFID 系统由三部分组成：标签（Tag）由耦合元件及芯片组成，每个标签具有唯一的电子编码，附着在物体上标识目标对象的所有信息；阅读器（Reader）读取（有时还可以写入）标签设备的信息，可设计为手持式或固定式；天线（Antenna）或电缆在标签和读取器间传递射频信号。

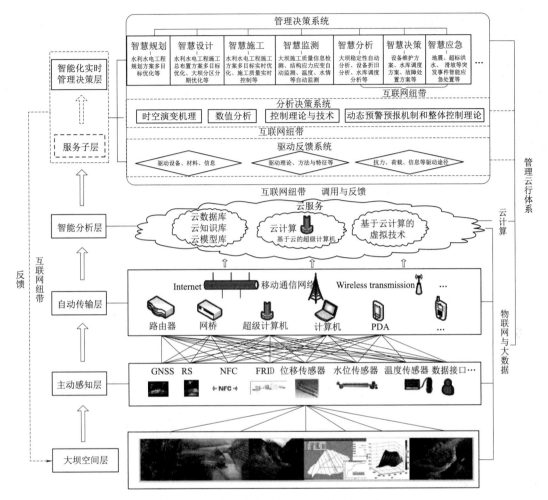

图 3-1 大坝安全智能监测预警系统基本架构

智能识别传感器的出现是大坝监测技术的一次革命,将对仪器的设计和制造提出新的要求,同时给仪器的使用方式带来了根本的改变。智能识别传感器内存有仪器的各项参数及编号,并可植入安装人员、安装时间、安装部位、安装环境,基准值等信息,采集时与读取系统自动交互,实现监测工作的无纸化,方便数据的快速查询统计计算。

(3)全球导航卫星系统(Global Navigation Satellite System,GNSS)为智慧大坝建设提供了必要的空间技术保障。

(4)遥感技术主要包括信息源、信息获取、信息处理与信息应用四个部分。智慧大坝在建设过程中广泛使用感知技术,极大地提高了自身信息收集、传递、处理和交流能力,为实现系统、精确、实时和全面的服务提供了重要基础。

2.联通化实时自主传输模块

联通化实时自主传输模块是通过建设通信系统、计算机网络和数据中心,利用MSTP、4G 及 4G+、无线传输、互联互通等信息技术,搭建智慧大坝信息基础承载平台,满足各种自主感知模块获取的各类信息数据及时准确的自主传输。智慧大坝通过扎实的通信网络建设，形成多层次、系统化、高速的基础网络，实现互联网、广电与通信网络的三网融合。4G 通信技术的发展，将能够满足几乎所有用户在相对开阔环境对无线服务的需求；考虑到水电工程建设环境的特殊性，比如深窄峡谷环境、交通隧洞、地下洞室群，4G 通信应用受限，协同建设局域无线传输网络，可减少对环境的依赖。智慧大坝通过有线网络与无线传输、互联互通等方式完成对大坝空间的全覆盖。网络技术方面，IPV6 是 IETF 设计的用于替代 IPV4 的新一代协议，2^{128} 地址容量为大坝各种设备组建物联网扫清了技术障碍，也为大坝部件网络实名制奠定了良好的基础。

3. 智能化实时分析模块

智能化实时分析模块是信息汇集、储存、分析的枢纽。智能化实时分析模块包括三个必备要素：信息、数学分析模型、分析计算。信息蕴含的知识价值会随时间会不断衰减，实时快速在线智能分析是充分利用信息知识价值的关键。智能化实时分析模块是基于云计算架构的云服务平台。云服务平台为智慧大坝提供了云数据库端与云知识库空间。联通化实时传输模块将大坝信息实时感知模块从大坝空间感知获取的海量的具有实名属性的暂无分析要求的数据传送至云服务平台的云储存，并按照国家标准和行业标准分类有序地储存在云端；而将需即时分析的数据传送至各服务处理子模块进行流处理，连同结果信息有序存储，形成云信息库。云知识库则是诸如厂房设计规范、工程施工导流设计导则、工程施工组织设计规范、溢洪道设计规范、工程施工总进度设计规范等国家标准、行业标准、专家经验、类似工程、建设管理经验知识及从云信息库中挖掘出的知识等的数字化描述形式，是规划设计的依据边界、数学分析模型的条件边界，也是决策的支撑边界。数学分析模型是智能化实时处理模块进行科学分析计算的基础，针对不同阶段不同问题建立分析模型如坝址选择方案优选模型、导截流方案优选模型、施工方案优选分析模型、设备维护方案优选模型、自然突发灾害应急处置模型等和科学问题预案，储存在云服务中，形成云模型库。智能化实时分析模块借用云服务平台为智慧大坝提供的云计算能力，利用云数据库，调用数据分析模型，实现分析计算。

同时，云服务也为大坝提供了虚拟现实技术和多媒体仿真技术展现平台。参建人员通过适当的装置，利用虚拟现实技术生成的逼真的大坝三维物理空间及视、听等感觉，自然地对虚拟大坝空间进行体验和交互作用；多媒体仿真技术则将大坝有关仿真过程及结果信息转换成被感受的场景、图形和过程，提供的临场体现扩展了仿真范围，产生实景图像和虚拟景象结合在一起的半虚拟环境，以辅助进行决策。

4. 智能化实时管理决策系统

智能化实时管理决策系统是智慧大坝的服务层级，通过建设智慧大坝管理决策系统，集成诸如智慧规划、智慧设计、智慧施工、智慧监测、智慧分析、智慧决策与智慧应急等智慧子服务，实现资源的交互和共享，为智慧大坝功能的实现提供多种服务和运行环境，是决策、反馈与处理的中枢；其中智慧应急是在发生如地震、超标洪水、滑坡等突发事件时的智能应急处置系统，可有效提升反应处置成效。智能化实时管理决策系统一方面是自动响应，调用置于云模型库的数学分析模型及各种可能的科学问题预案，当触发边界条件时，系统自动响应，云计算平台则会根据响应信息自动分析处理与反馈。智慧大坝反馈与处理是基于智能设备与智能材料等智能化主动结构的调整过程，既可响应信息传至智能设备后按决策指令进行开闭等处理，也可使采用具有自愈等功能的智能材料根据应力应变状态自主优化局部大坝性态。此外，可根据用户的要求，通过友好交互界面随时分析处理各种信息，为决策提供依据。

3.2 工 程 基 础 设 施

3.2.1 信息网络

近年来，微机电系统技术、数字电子技术和无线通信技术的不断发展和进步，使得开发具有短距离无线通信能力的低成本、自组织、多功能传感器节点成为可能

黎作鹏等（2011）提出无线传感器网络（Wireless Sensor Network，WSN）是由布置在监测区域内数量众多的微型传感器节点通过无线通信方式形成的一个多跳的自组织网络系统，目的是协作地感知、采集和处理网络覆盖范围内被监测对象的信息，并发送给用户。WSN 的 3 个基本要素是传感器、感知对象和用户。人们可以通过无线传感器网络来直接地感知客观世界，极大地扩展了现有网络的功能和人类认知世界的能力。

3.2.1.1 无线传感器网络结构

无线传感器网络结构系统如图 3-2 所示，主要包括任务管理节点、汇聚节点和传感器节点。数量众多的传感器节点被随机布置在所要监测区域的内部，节点能够以自组织的方式形成传感器网络。传感器节点采集的参数信息会沿着其他节点逐跳地进行传输，在经过多跳中继后到达汇聚节点，然后通过卫星、互联网或移动通信网络到达用户所在的任务管理节点。用户直接通过管理节点对网络进行管理和配置，发出控制指令和接收采集数据。

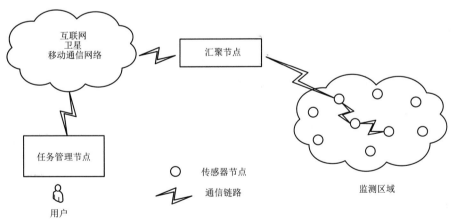

图 3-2 无线传感器网络结构系统

由于工程应用背景不同，无线传感器节点的硬件设计一般都不一样。典型的传感器节点一般由 4 个部分组成：传感器模块、处理器模块、无线通信模块和电源模块，如图 3-3 所示。传感器模块主要负责监测区域内信息的采集，进行信息处理，如信号的调理、信号的转换等，然后送到处理器模块；处理器模块负责控制和协调传感器节点各部分的工作，

如对自身采集的数据和其他节点发来的数据进行存储和处理等；无线通信模块的功能是和其他传感器节点进行信息交换；电源模块用来给传感器节点的各个部分提供能源。

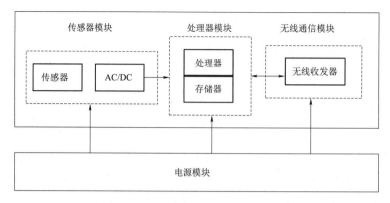

图 3-3　无线传感器网络模块组成

3.2.1.2　无线传感器网络的特点

无线传感器网络与其他无线通信网络相比，具有以下几个方面的特点。

1. 节点量众多

由于传感器节点的通信距离较短，为了获得精确、完整的信息，减少洞穴或盲区，因此需要在监测区域内布设大量的传感器节点，其数量往往有成千上万。对采集的大量信息进行处理可以提高监测的准确度，适当地降低对单个节点传感器的精度要求。另外，网络内存在大量的冗余节点，使得系统的容错性能很强。

2. 自组织

在大部分网络应用中，无线传感器网络节点往往通过飞机播撒到未知区域，通常情况下没有基础设施支持，节点位置不能事先精确设定，节点之间的相邻关系预先也不明确：部分节点由于电源耗尽或其他原因而死亡、有新节点加入到网络中。这就要求节点具有自组织的能力，无需人工干预，可以随时随地快速展开并自动组网，自动进行配置和管理，通过适当的网络协议和算法自动转发监测的数据。

3. 多跳路由

由于网络中节点发射功率的限制，节点的通信距离是有限的，范围在几十到几百米之间，只能和它范围内的相邻节点进行通信。若想和其通信距离范围外的节点进行数据交换，就需要经过中间节点对消息进行路由转发。

4. 以数据为中心，数据传输方向性强

颜振亚和郑宝玉（2005）认为，与以地址为中心的传统网络不一样，无线传感器网络是基于任务的网络。用户不需要关心数据是从哪个节点获取的，而只需关心数据本身，数据的属性比该数据所在节点的编号更重要。另外，数据的传输具有很强的方向性。通常，用户向网络中的节点发布查询、管理、配置等信息，而监测、上报事件的信息是由分布在监测区域内的传感器节点向汇聚节点传送，进而到达用户。

5. 动态拓扑

无线传感器网络是一个动态的网络，网络内的节点可以随处移动；一个节点可能会因为电池用完或其他突发事件退出网络；一个新节点也可能由于工作的需要而被添加到网络中，这些因素都会导致网络的拓扑结构发生变化。

6. 面向应用

由于不同的应用侧重不同的物理量，因而对网络系统的要求也不相同，会造成传感器节点的硬件平台、软件系统等存在差异。这使得无线传感器网络不可能像互联网一样，有着统一的通信协议平台，必须根据具体的应用来设计相应的传感器网络，以达到更高效、更可靠的系统目标，所以无线传感器网络是面向应用的网络。这也是无线传感器网络设计不同于传统网络的显著特征。

3.2.2 大坝监测传感器

随着传感器技术的不断发展，先后出现了差阻式、压阻式、电感式、电容式和振弦式五类传感器，它们各具特色，都曾在大坝安全参数采集过程中发挥过作用。其中，因振弦式传感器具有结构简单，制作安装方便；输出信号稳定可靠，易远距离传输；零点稳定，能长期监测；价格低廉，输出的频率信号容易采集等优点，现已被广泛用于桥梁、大坝、隧道、建筑等各种土木工程的安全监测。

3.2.2.1 大坝监测常用传感器介绍

1. 振弦式钢筋计

振弦式钢筋计如图 3-4 所示，广泛适用于各类建筑物基础。如桥梁、基桩、边坡、码头、闸门等混凝土工程结构及深基坑开挖安全监测，测量混凝土内部的钢筋应力，需采用对焊、螺纹连接等安装方式。这里展示的是 XL-GJ 系列钢筋计，采用振弦原理设计制造，量程为 $\pm 260 \text{MPa}$，灵敏度为 $0.1 \mu\varepsilon$（0.1Hz），具有很高的精度、灵敏度，卓越的防水性和长期稳定性。

2. 振弦式应变计

振弦式应变计如图 3-5 所示，广泛应用于桥梁、建筑、铁路、交通、水电、大坝等工程领域内部的应力应变测量，可以充分了解被测构件的受力状态。本文选用 XL-MR150

图 3-4 振弦式钢筋计

图 3-5 振弦式应变计

型埋入式应变计，采用振弦原理设计制造，量程为 $\pm 1500\mu\varepsilon$，灵敏度为 $0.1\mu\varepsilon$（0.1Hz），具有很高的灵敏度、卓越的防水性能，适合在各种恶劣环境下长期监测建筑物混凝土内部的应力应变。

3. 振弦式渗压计

振弦式渗压计如图 3-6 所示，适用于长期埋设在公路、边坡基础、大坝、隧道、地铁等水工建筑物和基岩内，或安装在测压管、钻孔、堤坝、管道或压力容器中，以测量孔隙水压力或液位。这里展示的是 XL-SY 渗压计，采用振弦原理设计制造，量程为 $0.1\sim 2$MPa，灵敏度为 $0.1\mu\varepsilon$（0.1Hz）。

4. 振弦式压力计

振弦式压力计如图 3-7 所示，广泛用于测量土体应力或混凝土结构的压力，通过不同的构造可以适用于填土和堤坝的总压力、混凝土或钢结构表面的接触压力、挡土墙上的土压力以及喷射混凝土衬砌应力。这里展示的是 XL-TY90 土压力计，采用振弦原理设计制造，量程为 $0.2\sim 6$MPa，灵敏度 0.20kPa/F，精度 $\pm 0.1\%$F.S。

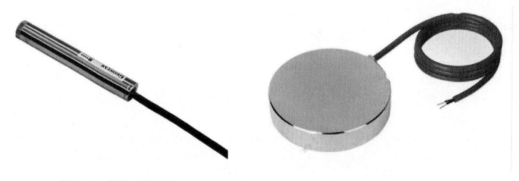

图 3-6　振弦式渗压计　　　　　　　图 3-7　振弦式压力计

5. 振弦式测缝计

振弦式测缝计如图 3-8 所示，适用于测量结构间的裂缝，如混凝土大坝块体之间的裂缝，通常横跨结合部，以监测接缝的开合，仪器内部的万向节能适应一定程度的剪切运动。加装配套附件可组成基岩变位计、表面裂缝计等测量变形的仪器。这里展示的是 XL-MCF 型埋入式测缝计，量程为 $0\sim 100$mm，精度为 0.1mm。

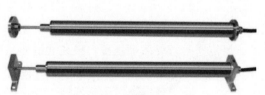

图 3-8　振弦式测缝计

6. 温度计

在大坝安全监测中，温度是一个比较常见且重要的参数，如需要对水温、大坝坝体温度等进行监测。

3.2.2.2　振弦式传感器的工作原理

由于振弦式传感器具有结构简单、输出信号稳定可靠、价格低廉以及类别丰富等优良特征，使其在大坝安全监测的应用中占有很大比例，因此本文以振弦式传感器作为研究对象。要使振弦产生振动需要外加激励，测量振弦的振动频率需要拾振电路，它们之间的关系如图 3-9 所示。由激振电路激发振弦振动，由拾振元件检测振弦的振动频率。

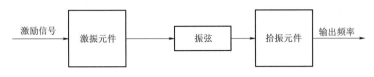

图 3-9 振动频率检测工作原理

振弦式传感器的工作原理如图 3-10 所示。图 3-10 中"1"是一根拉紧的金属丝弦，称为钢弦。钢弦一端固定在支架"2"上，一端与传感器的受力部位相连，且垂直于受力部件，两边是带磁性的线圈。钢弦自身有一个固有振动频率，当受到外加压力时，其固有频率会发生变化。在钢弦受力时，用某种方式使钢弦振动，钢弦会在磁场中切割磁感线，线圈中会产生交变的感应电动势，根据物理学原理，钢弦在作阻尼振动时，振动的频率与自身受到的应力有关，而线圈中感应电动势的频率与钢弦的振动频率相同。通过测量感应电动势信号的频率就可以得出钢弦的振动频率，从

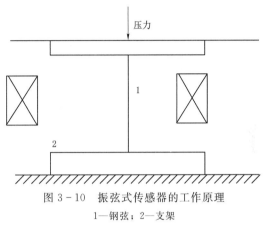

图 3-10 振弦式传感器的工作原理
1—钢弦；2—支架

而计算出传感器钢弦所受到的应力大小，进而得出传感器所测量的应变应力、位移、压力等物理量的值。

3.2.2.3 振弦式传感器的类型

振弦式传感器按照线圈数目的不同，可以分为单线圈和双线圈两种类型。

1. 双线圈振弦式传感器

双线圈振弦式传感器有两个线圈，一个是激发线圈，用来激励振弦；另一个是感应线圈，用来产生感应电动势。当振弦被激励后，感应线圈产生感应电动势，经放大后正反馈给激发线圈，以维持振弦的连续振荡。由于该类型传感器需要两个线圈，振弦的最短长度只能做到 50mm，不利于传感器向小型化发展。另外，双线圈容易发生倍频干扰问题，会造成传感器无法正常工作。为了削减倍频，需要增加振弦的长度，使传感器体积变大。双线圈振弦式传感器的结构如图 3-11 所示。

2. 单线圈振弦式传感器

在单线圈振弦式传感器中，激振线圈和拾振线圈为同一个线圈，线圈靠近振弦且在振弦的正中部，激振和拾振分时进行，先激振，后拾振。单线圈传感器只有一个线圈，因此振弦长度最短可以做到 10mm，有利于传感器的小型化。单线圈传感器的激励和感应电动势的产生都由一个线圈完成，这两个过程分时进行，互不影响，避免了倍频干扰。同时，作用力施于振弦的中间，有利于基频起振。对于各种弦长，不同线圈的单线圈振弦式传感

器，激发放大电路具有一定的通用性，只要差分放大电路具有足够高的增益，就可获得稳定的基频振动，振动频率基本与连接电缆的长短无关。另外，单线圈振弦式传感器只需要引出两根电缆线，而双线圈需要引出四根，这样可以大大降低传感器的成本，在进行需要大量传感器的多点检测时，会极大地减少总体费用。

由此可见，单线圈振弦式传感器比双线圈振弦式传感器更具优势，是一种比较理想的传感器。由于在大坝安全监测中，所需测量点多、分布较广，单线圈的小体积和远距离传输等特点更能满足要求，因此本文选用单线圈振弦式传感器，其结构如图 3-12 所示。

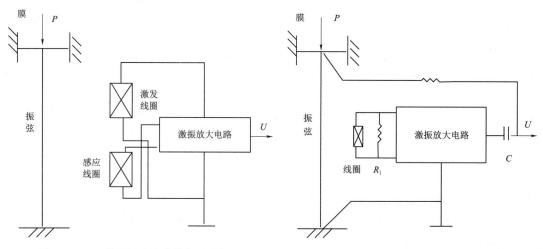

图 3-11　双线圈振弦式传感器的结构图　　图 3-12　单线圈振弦式传感器的结构图

3.2.2.4　振弦式传感器的激振方式

1. 传统间歇激振法

传统间歇激振是通过单片机间断地控制线圈对钢弦进行吸合，来激发钢弦振动。通过张弛振荡器产生方波信号，用来控制继电器的通断。当继电器闭合时，传感器的线圈将与电源接通，线圈中的电磁铁将产生磁力，此磁力将钢弦拉向线圈并吸住；当继电器断开时，激振电流消失，线圈将钢弦放开。这样一拉一放，就会使钢弦振动，振弦振动的频率即为振弦的固有频率。这种激振方式有很大的缺陷，主要是钢弦起振慢，振动的时间短，产生的信号难以检测，这就直接影响了测量的精度。另外，传统间歇性激振的电路比较复杂，需要使用到电磁继电器，会导致系统的体积和功耗都变大。另外，张弛振荡器的振荡频率范围有限，无法在线调节，有时会造成振弦无法起振。传统间歇激振法的工作原理如图 3-13 所示。

2. 高压拨弦激振法

高压拨弦激振是通过高频变压器产生高压激振脉冲使钢弦振动，激发时电压大于100V，被激励的钢弦通过感应线圈将振动转换成自由衰减振荡的正弦电压信号，经检测处理之后以频率值输出。其缺点是高压拨弦的激振电路由变压器和倍压整流电路等构成，电路结构较为复杂，体积庞大，不利于传感器测试设备的小型化。钢弦振动时间比较短，信号不容易拾取，测量精度差，并且高电压会加速钢弦的老化，导致传感器失效。

3. 低压扫频激振法

低压扫频激振技术，就是用一个频率可以调节的信号去激励振弦式传感器的线圈，当信号的频率接近振弦的固有频率时，振弦能迅速达到共振状态。振弦起振后，在磁场中切割磁感线，线圈中会产生交变的感应电动势，感应电动势的频率与振弦的振动频率相同。因为激励信号的频率能够通过软件方便调节，所以只需要知道振弦固有频率的大概范围，就可以用这个频率附近的信号去激励它，使振弦快速起振。扫频激振法利用了共振原理，使振弦能快速、可靠地起振，振幅能达到最大值，输出信号容易拾取，另外扫频激振法方便用软件实现，硬件电路也比较简单、成本低。在综合考虑几种激振方式的优缺点之后，本文选用低压扫频激振法对振弦式传感器进行激振。低压扫频激振法的工作原理如图 3 - 14 所示。

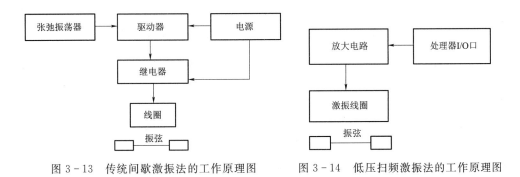

图 3 - 13   传统间歇激振法的工作原理图   图 3 - 14   低压扫频激振法的工作原理图

3.3　数　据　管　理　系　统

3.3.1　系统总体设计与开发原则

系统总体设计思路是满足监测数据处理的各项功能以及可靠性和易扩展性，并考虑到系统的使用者主要为电厂观测班人员，系统的操作尽量做到可视化、实用化。大坝监测数据处理系统应尽量做到以下几方面要求。

1. 全面性

系统应能够完成大坝安全监测信息管理和建模分析的各项工作，包括观测数据的输入、修改、删除和查询，特征的统计，导入电桥所测到的观测仪器资料，绘制和打印任一时段的测值变化过程线、同一观测项目日分布图，建立统计模型，计算出拟合值、各影响分量以及各分量的变幅值，绘制和打印拟合分析结果图，制作和打印年、月报表，并能将各类报表文件和数据文件保存，以便用户可以编辑。

2. 可靠性

系统不仅要求实现各项功能，而且要求性能可靠、可维护性好。系统采用集成化模块式结构，这为系统的维护提供了方便，开发时每个模块都进行单独调试，然后才将调试好的模块组装起来再进行调试，确认合格后才交给用户使用。

3. 易扩展性

根据系统应用的需要，系统采用 Windows 图形操作界面和标准化、模块化的设计思想，每个模块为一个相对独立的结构，模块下面可有一个或多个子模块，每个模块具有一种或多种功能，这使得系统升级时，只需更新部分模块。同时，预留与外部应用程序的接口，使系统的扩充更加容易。

4. 简便性

系统内尽量避免操作人员重复性的工作。例如：建立模型时的因子选择、固定的图形和表格输入时的测点选择。系统内设置相应的功能，将这类工作固定化、程序化。此外，对有些操作采用批处理的功能，如应变计组应力的计算，计算一次即把所有的应变计组计算完，省去了选择一组应变计组，就需算一次的麻烦。

3.3.2　数据库表结构

数据标准化和规范化的基础是统一的数据格式。水利技术标准《水利工程建设与管理数据库表结构及标识符》（SL 700—2015）（以下简称《标准》）是水利工程数据库建设的首个表结构及标识符。依照该标准建立水利工程数据库，将大大减少人力资源重复投入和开发成本，提高水库、水闸、堤防等信息系统建设速度和质量，并促进各信息系统的数据交换。对各级政府及水行政主管部门及时、快速掌握水库、水闸、堤防情况，为水利工程除险加固建设和水利工程管理体制改革等重要工作提供信息服务和相关技术保障，具有十分重要的意义。数据库表结构包括中文表名、表的主要信息描述、表标识、表编号、各字段的定义，以及各字段描述。表 3-1 为水库类表的中文表名、表标识、主要信息描述；表 3-2 为大坝表字段定义。

表 3-1　　　　　　　　　　　　水　库　类　表

序号	中文表名	表　标　识	主 要 信 息 描 述
1	水库基本信息表	WRP_RSR_BSIN	水库代码、水库名称、管理单位、主管单位、所在地点行政区划代码、所在河流代码等水库基本信息
2	水库功能表	WRP_RSR_FN	水库的主要功能
3	水库水文特征表	WRP_RSR_HYCH	水库控制流域面积、多年平均降水量、多年平均径流量、正常蓄水位、校核洪水位、设计洪水位、总库容、兴利库容等水文特征信息
4	大坝表	WRP_RSR_DM	大坝名称、坝型、最大坝高、坝顶高程、长度、宽度等大坝信息
5	溢洪道表	WRP_RSR_SW	溢洪道布置位置、控制方式，堰顶高程、宽度，闸门型式、尺寸等信息
6	非常溢洪道表	WRP_RSR_EMSW	非常溢洪道结构型式、启用洪水标准、启用水位、最大泄量等信息
7	泄洪洞表	WRP_RSR_SWTN	泄洪洞布置位置、结构型式、断面尺寸、进口底高程、闸门型式、最大泄量等信息

续表

序号	中文表名	表 标 识	主 要 信 息 描 述
8	输水洞表	WRP_RSR_WTCNTN	输水洞布置位置、结构型式、断面尺寸、进口底高程、闸门型式、最大流量等输水洞信息
9	水库工程效益表	WRP_RSR_BN	水库防洪效益、灌溉效益、供水效益、发电效益、航运效益、环境效益等信息
10	下游影响表	WRP_RSR_DSIN	溃坝可能影响的面积、人口、城镇等信息
11	水库建设基本情况表	WRP_RSR_CNBSIN	水库建设设计、开工、投资、法人单位、施工单位、监理单位、质量监督单位等建设基本信息
12	水库建设过程表	WRP_RSR_CNPR	水库建设重大设计变更、累计下达资金数、资金到位、工程进度、安全生产情况等过程信息
13	水库工程验收表	WRP_RSR_ENAC	水库工程验收类型、验收单位、质量评定等验收信息
14	水库管理体制表	WRP_RSR_MNSYS	水库主管单位、管理单位、管理职工、归属流域机构、属地政府等管理体制信息
15	水库运行管理表	WRP_RSR_OPMN	水库淤积、历年最高洪水位、历年最大蓄水量、水情监测、工情监测、水质等运行管理信息
16	水库水情监测项目表	WRP_RSR_HYMNIT	水库水情监测项目
17	水库工情监测项目表	WRP_RSR_ENMNIT	水库工情监测项目
18	水库注册登记表	WRP_RSR_RG	水库注册登记机构、注册登记工程特性、注册登记文档等注册登记信息
19	大坝安全鉴定表	WRP_RSR_DMSFAPS	大坝安全类别、鉴定组织单位、安全评价单位、鉴定结论、鉴定报告书等大坝安全鉴定信息
20	水库应急预案表	WRP_RSR_EMPR	水库应急预案发布日期、编制单位、审批情况、应急预案文档等应急预案信息
21	水库降等报废表	WRP_RSR_AB	水库降等、报废主要原因、论证单位、审批情况、完工情况等降等报废信息
22	水库大坝险情表	WRP_RSR_DNST	水库大坝险情发现时间、名称、级别、部位、除险措施等险情信息
23	水库多媒体文件表	WRP_RSR_MLFL	水库多媒体文件名称、类型等信息
24	水位—库容—面积关系表	WRP_RSR_WLSTCPARRL	水库水位—库容—面积关系

表 3-2　　　　　　　　　　　大 坝 表 字 段 定 义

序号	字 段 名	标识符	字段类型及长度	有无空值	计量单位	主键序号
1	水库代码	RSCD	C（11）	N		1
2	坝编号	DMCD	C（2）	N		3
3	大坝名称	DMNM	C（40）	N		

序号	字 段 名	标识符	字段类型及长度	有无空值	计量单位	主键序号
4	坝基地质条件	DMBSGLCN	VC（600）			
5	坝型	DMTP	C（1）	N		
6	最大坝高	MAXDMHG	N（5，2）	N	m	
7	坝顶高程	DMCREL	N（6，2）	N	m	
8	防浪墙顶高程	WVWLTPEL	N（6，2）		m	
9	坝顶长度	DMCRLEN	N（7，2）		m	
10	坝顶宽度	DMCRWD	N（5，2）		m	
11	防渗体型式	ASELST	C（1）			
12	防渗体顶高程	ASELTPEL	N（6，2）		m	
13	坝基防渗措施	DMBSASMS	C（1）			
14	排水体型式	DRELST	C（1）			
15	数据更新日期	DTUPDT	Date	N		2

在数据存储与管理层面，物联网设备的采集频度高、部署的设备数量大，具备时序特征的海量数据需要采用具备水平扩展能力的非结构化、分布式数据库去存储和提供查询，比较典型的有 Hbase、MongoDB、DynamoDB。此类数据的特点是 Key-Value 形式存储，上下文信息存储在 Value 中，使用主键 Key 进行检索，Value 中内容通常采用 XML、JSON 等文本类描述形式。

3.3.3　数据库设计

数据库是大坝监测数据处理系统的基础，其性能将直接影响整个系统的功能实现及运行效率、安全可靠性等。系统的数据结构按信息类别可以分为基本静态信息、安全监测数据、环境量观测数据、系统应用数据、计算成果等 5 类；数据来源为监测部门、水文部门、气象部门、设计单位等。

（1）数据库概念设计。根据对系统源的分析，系统的数据库概念设计包括以下内容：

1）观测仪器静态数据库。观测测点分布资料、仪器的埋设参数、系统的信息。

2）环境量数据库。对观测的效应量有影响的外界条件，包括库水位、尾水位、气温、降雨量等信息。

3）原始数据库。所有的观测数据，包括变形、渗流、应力应变及温度监测数据。

4）整编数据库。所有经过整编转换的观测数据，是根据有关计算公式经计算的观测物理量的成果数据，为进一步的分析提供数据基础。

5）模型库。存放分析数据生成的各类模型。

（2）设计的原则。数据库设计时应遵循下列原则：

1）最小的数据冗余性。冗余既可能造成数据的不一致性，也增加了系统插入、删除、修改时的开销，本系统除非十分必要，一般无数据冗余。

2）关系表尽可能少。关系表的增多，一般会带来设计的方便性，简化将来的程序开发，例如采用一个测点的测值对应一张关系表的方法，但在多点分析、计算、查询时，会造成打开的表过多，使系统运行明显减慢。

3）采用索引技术。对于记录较多且经常用到的表，对主关键字建立索引，这有助于加快查询速度。

（3）开发工具的选取。

1）Visual Basic。Visual Basic（简称 VB）是 Microsoft 公司的产品，现行版本是 VB6.0，VB 是在 BASIC 语言的基础上发展起来的一种可视化面向对象开发工具，是一个集成的快速应用程序开发环境（RAD）。

VB 具有多媒体编辑能力和优秀的图形用户界面，VB 在 Windows 平台上提供了图形用户界面（GUI）的集成开发环境（IDE），简化了界面的设计过程，同时用户可以使用类库在 Visual Basic 环境下开发基于 DirectX 的多媒体程序，而且 VB 支持 Internet 应用，使用 VB6.0 可以创建 Web 应用程序、中间层和服务器端组件，通过 Windows 接口可访问所有的企业数据资源。由于 Visual Basic6.0 是一种真正支持 32 位 Windows 编程的软件开发工具，其开发出的应用程序可以脱离 VB 开发环境单独运行，且它访问数据库的接口简单而且访问速度快，应用程序编译成本机代码后运行速度较快，在系统的开发中，适合于前台程序开发。

2）FORTRAN。FORTRAN 是工程界常用编程语言，在科学计算中发挥着重要的作用，FORTRAN 的设计语言结构简单，运行效率较高，其动态数组的维界在程序执行过程中随时可按需要变化，可以节约使用内存，提高内存使用效率。

Visual FORTRAN 是一个运行在 Windows 下完善的开发环境，兼容性好，支持 FORTRAN66、FORTRAN77、FORTRAN90 代码，完全支持 FORTRAN95，提供图形支持，支持 Win32GDIAPIs、OpenGL 等，直接进行 WIN32 下的包含图形界面、绘图等开发，可调用 SGI 的 OpenGL 设计动画，此外，它还包含科学计算的数学库，支持 Microsoft 最新可视化开发环境，通过综合编辑器、构造系统及调试器等与 VC++进行无缝连接，加速开发进度；可调用 COM 和 OLEAutomation 对象、支持多线程应用等，适合科学计算应用程序的开发。

3）Visual C++。Visual C++（简称 VC）是 Microsoft 公司的产品，现行版本是 VC++6.0，它是介于汇编语言和保护型编程环境之间面向对象、基于事务的语言。

其主要特点在于它的灵活性，用 VC++能够创建短小高效的程序，其运行速度可以达到用汇编语言编写的程序，C++适用于编写操作系统、设备驱动程序、动态链接库、接口程序；C++支持 Internet 应用，支持数据库编程，可考虑将 Visual C++用于中间件、系统集成、数据采集（DAU）接口等的开发。

4）Excel。Excel 是 Microsoft 公司 Office 产品之一，可结合 Visual Basic 来开发报表程序。

3.3.4 数据平台标准

3.3.4.1 数据统一性标准

（1）在数据的统一管理方面，要实现数据平台与日后拓展建设的数据中心的便捷共享,为未来的统一智慧管理留足接口,做好准备。

(2) 为确保数据的一致性,消除水库现有自动化系统存在数据采集不完整、各系统数据信息不统一、数据交换困难等问题,根据数据统一编码原则,增加不完善的采集点及设备编码,在已有编码上增加标识、数据源码等管理信息,增加量值类型码等量值信息,更好地满足数据统一平台对数据存储、查询和提取的要求。

统一数据编码主要由主编码和附属编码组成,主编码包括设备的管理编码、设备编码和状态量值等信息,附属编码包括数据来源的行政划分、告警规则、主设备信息等,统一数据编码基本规则如图3-15所示。

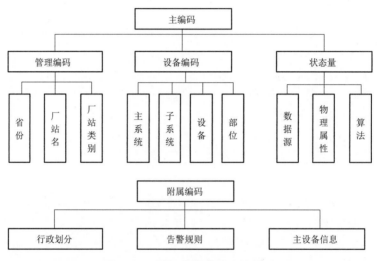

图3-15 统一数据编码基本规则

通过使用统一编码,确保数据中心数据的规范性和唯一性,保证智慧管理过程的数据共享与信息交换,为数据挖掘和智慧企业的建设创造基本条件。

(3) 在数据编码统一的基础上,为实现数据传输及共享通畅,还需有统一的数据接口和通信规约,并预留有新建系统和新增数据的服务接口。因此,统一数据平台建设有统一数据服务总线,打通各系统业务通道,实现数据统一采集、统一编码、统一存储及统一管理。同时,数据平台除能满足内网PC终端的应用外,还具有移动端的接口方式,满足移动应用服务的需求。数据统一是数据平台实现数据共享的基础,是实现智慧管理和智慧管理方案推广应用的重要前提,智慧管理必须多方面全方位地确保数据的统一性。

3.3.4.2 数据中心标准

1. 软硬件标准

硬件方面,所有终端设备、服务器及网络设备为通用国产设备,符合电力监控系统安全防护相关要求,具有良好的便捷维护及扩展性能;关键服务器、通信设备为双套冗余配置,服务器操作系统满足可信计算机系统评估C2级及以上要求;防火墙、路由器、加密装置、交换机等网络设备通过国家安全专项认证;所有设备有双电源供电,并配置不间断供电电源,具备电源自动切换功能。

软件方面，数据管理系统应用软件为模块化结构，具有良好的稳定性、可靠性和可扩充性，具有快速的实时响应速度；系统满足实时及分时多任务、多用户、多线程等操作要求，满足 PC 端、移动端业务逻辑及数据读取一致要求，兼容不同操作平台的同步使用；实时数据库支持多应用同时访问和数据处理，数据安全高效，历史数据库提供软件开发工具和数据库管理工具进行日常维护、更新和扩展操作；各软件程序版本具备自动升级功能，通过人机确认实现自动更新升级。

2. 运行安全标准

数据平台提供通用的数据访问接口，具有标准的应用规范和文本说明，实现与各应用子系统数据及业务交互访问的便捷、可靠；数据平台具有统一的权限认证功能，通过多级多角度权限的灵活配置管理，保证用户数据应用的安全、有效；平台还支持数据报表编辑、生成及日志服务功能，方便运维人员进行日常安全与运维管理。

数据平台按照监控系统网络安全等级保护二级系统进行管理，配置专用的杀毒系统，其网络边界具有入侵检测防范和访问控制身份鉴别、安全审计等功能，并接入电站已有的网络安全态势感知系统，实现平台网络运行的实时监视预警。

3. 数据服务标准

针对大坝监测、水情预报、状态监测等设备，建立标准化数据模型，融合设备实际信息于数据模型库，实现方便快捷的数据分析决策；数据库在进行在线采集数据的同时，对数据进行计算分析，提供准确的分析结果，并生成各类报警记录，发出提示或预警，启动综合报警服务供用户决策、控制；数据系统具有强大的备份和恢复功能，可实现对系统全部或部分数据进行有针对性的备份与恢复，满足用户灵活使用的需求。

3.3.4.3 数据管理标准

数据管理主要对数据获取、数据存储、数据加工分析、数据应用全生命周期进行数据的标准管理、安全管理、质量管理，确保数据的统一、完整、可用。

（1）数据标准管理是根据统一的数据标准，应用制度要求、技术控制等方法，实现数据平台中数据的规范、完整、有效、开放及共享管理。数据标准管理主要包括熟悉数据标准、制定标准化实施路径、实施数据标准编码、评估数据标准情况等。数据安全管理是根据数据的关键程度及使用频率，划分数据等级，制定各等级数据执行的安全规则，落实数据使用的授权、访问控制等措施。

（2）数据安全管理主要包括数据分级、各等级安全策略定义、安全标准及控制措施确定、用户权限设定、访问控制流程制定、数据安防系统部署及安全评估等。

（3）数据质量管理是确保数据正确使用的根本保障。其主要表现为数据是否缺失、数据存储是否规范、数据编码是否冲突、数据值是否正确有效等。数据质量管理手段主要为数据模型仿真、机器学习对比等技术方法，管理实施的内容主要有定义数据质量指标、测试验证及分析评估、全过程跟踪监测、发现预警及修复数据质量问题等。

3.3.4.4 关键技术标准

1. 数据采集标准

数据采集是实现智慧管理的基础，对数据的采集，除使用常规的流量、压力、温度、振动、摆度等传感器进行采集外，还应用人工智能的图像、语音识别、机器人巡检、

RFID 无线射频等技术，提高数据采集的准确性，完善数据采集功能；同时，应用物联网、5G 传输，确保采集数据的真实、可靠。

2. 数据治理及分析决策标准

数据治理是对数据的全过程进行实时跟踪，监测数据问题，及时进行修复完善。数据分析是数据的深度应用，直接影响水电站智慧的程度。通过大数据、云计算技术，记录数据信息，对数据进行聚合、分类，并结合数字孪生技术进行建模，应用模型对设备及系统进行分析，做出决策，发出预警和沟通信号，并下达智慧执行指令。

3. 机器学习技术标准

智慧管理的未来目标是通过机器学习，不断提升智慧应用系统的组织行为、智慧决策和执行能力，最大程度地实现机器的智慧、机器行为与人的行为互融互通。

3.4　监　测　应　用　系　统

3.4.1　大坝智能建设基本概念与内涵

大坝智能建设是以智慧大坝为理论基础，在大坝数字化建设体系基础上引入新一代信息技术（如物联网、大数据、云平台等），通过将先进智能技术（数据挖掘、人工智能、视觉智能、大数据、云计算、区块链）与大坝建设进行跨界融合，形成了从大坝建设全过程、全环节、全要素、全覆盖、全天候信息智能感知到智能分析再到智能馈控的闭环运行体系，从而实现对智慧大坝理论的实践与检验。因此，大坝智能建设应具备如下的特征：

（1）信息感知的智能性。信息感知的智能性是指通过传感器、物联网等智能感知技术实现大坝建设信息感知与集成的泛在性、自主性、实时性以及信息传递的安全性。泛在性包含全面性和经济性，是指能采用低功耗、小型化和低成本的感知手段对大坝建设中的多源异构信息进行全面感知的特点。自主性是指感知设备网络具有自组织和自适应的特点，是信息感知智能性的重要体现，也是感知网络鲁棒性。实时性是指感知信息能在短时间内传送至数据服务中心供后续快速分析所用，"快"是实时性的重要体现。安全性是指感知信号在接入互联网时应采取安全措施保证大坝建设信息的安全。信息感知的智能性是区别大坝数字化建设和大坝智能化建设的技术基础。

（2）信息分析的智能性。信息的智能分析是将大坝建设信息中包含的广义知识表达出来的重要手段，是智能决策支持的基础。信息分析的智能性主要体现在大坝建设信息分析手段的智能性。数据挖掘、人工智能、大数据和云计算等智能技术手段，为感知对象的性态分析、静态/流态信息的知识挖掘以及专家系统的合理构建等提供了有力的技术支持。

（3）反馈控制的智能性。智能反馈控制是利用智能分析结果对受控对象进行智能优化决策、实时预警纠偏和机械自动化控制等。反馈控制的智能性是区别大坝数字化建设和大坝智能化建设的重要特征。大坝智能建设的三大特点在智能仿真、智能碾压、智能灌浆、智能交通、智能振捣、智能温控及大坝建设信息集成管理平台等环节中的理论、技术与方法层面有着不同的表现形式。大坝智能建设体系以大坝建设信息集成管理云平台对建设全过程、全环节、全要素进行全局智能管控，为实现大坝建设过程的各施工环节全天候同步优化奠定了基础。

3.4.2 水库信息综合展示模块

（1）数据实时监测如图 3-16 所示，包括渗流量监测、大坝浸润线监测等模块，对水库安全健康状态进行全方位、实时监测，及时发现水库安全隐患，进行数据预警并推送消息给相关管理人员。实现在线监测的地图显示、查看，包括监测设备的快速查询显示、监测数据展示、报警情况显示及监测数据曲线图的实时展示，通过系统主界面的显示功能，可以查看设备的位置、运行状态，掌握水库库坝体浸润线及坝体内孔隙水压力、库内水位、水库出入流量、降雨量、坝体位移的实时数据。

图 3-16　水库信息综合展示模块——数据实时监测

（2）数据分析如图 3-17 所示，支持地表位移、形变、渗压、渗流等传感值的时段数据分析折线统计展示，并参照标准值，一旦越限就进行标注提醒。

1）位移和断面变化趋势分析。通过对大坝埋置的观测点以及表面的变形观测数据进行分析，得出大坝在垂直位移和水平位移变形上的规律及大小，如图 3-18 和图 3-19 所示，一方面能有效地监控大坝安全，在发生不正常情况时，可及时分析原因，采取措施，避免因沉降、位移原因造成损失，为大坝管理和监控提供数据支持，保证大坝的安全；另一方面把大坝的变形数据及时反馈给建设单位和设计单位，可以验证设计理论，所采用的各项参数与施工措施是否合理，为后续其他类似工程的开发积累参数资料，优化工程设计。

2）速度与加速度监测分析。大坝位移监测是一个非常关键的过程，用于确保大坝的安全性和稳定性。随着大坝在水利工程中的重要性不断增加，位移监测成为了保障大坝运

图 3-17　水库信息综合展示模块——数据分析

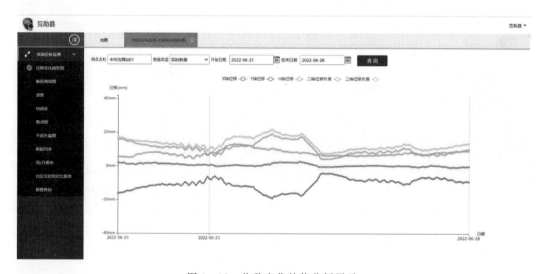

图 3-18　位移变化趋势分析展示

行的重要手段。

　　大坝位移监测的原理基于测量大坝的变形和位移。通过监测大坝的位移，可以及时发现可能存在的安全隐患并采取相应的措施来预防大坝的失稳和破坏。位移监测通常使用传感器来测量大坝各个部位的位移，并将数据传输到监测中心进行分析和评估。

　　位移监测的方法可以分为静态监测和动态监测。静态监测是通过定期测量大坝的位移来评估其稳定性，这种方法比较常见且经济实用，但需要较长的时间来获取准确的位移数据。动态监测则是使用实时传感器来监测大坝位移的速度和加速度（图 3-20、图 3-21），并在超过预设阈值时发出警报，这种方法对于大坝的实时控制和监测非常有帮助，能够更及时地采取相应的措施来保障大坝的安全性。

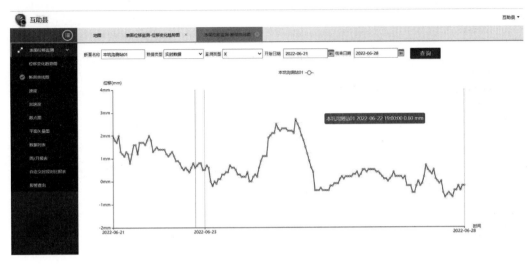

图 3-19 断面曲线图展示

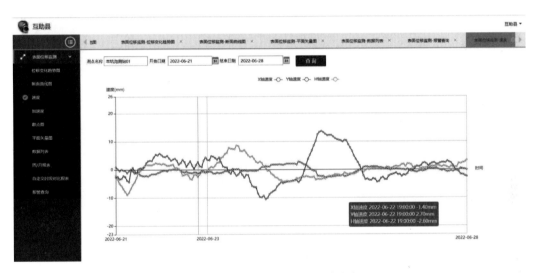

图 3-20 表面位移速度监测展示

大坝位移监测在水利工程中有着广泛的应用。首先，可以用于监测大坝的沉降状况。大坝在运行过程中，由于各种原因可能发生沉降，如果沉降过大会对大坝的稳定性造成威胁。通过位移监测可以及时掌握大坝的沉降情况，采取相应的补救措施，以确保大坝的稳定性。其次，还可以用于检测大坝的倾斜。大坝的倾斜可能会导致大坝失去平衡，从而引发危险情况。通过位移监测可以实时监测大坝的倾斜情况，及早发现并采取措施消除倾斜，以确保大坝的安全。另外，大坝位移监测还可以用于检测大坝的裂缝和变形。大坝在运行过程中，由于水压和地下水位的变化，可能会出现裂缝和变形。这些裂缝和变形如果不及时处理，可能会导致大坝的破坏。通过位移监测可以实时监测大坝的裂缝和变形情况，及时采取修补措施，以确保大坝的完整性和稳定性。

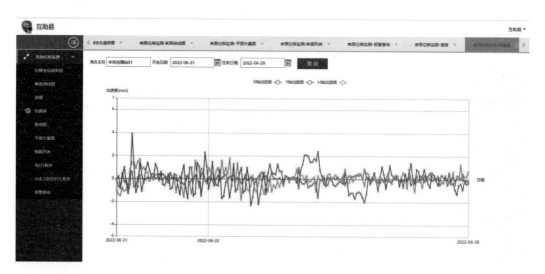

图 3-21　表面位移加速度监测展示

3）散点监测分析。大坝要想提高自身的安全系数，健康长远地运行就必须要定期开展安全监测工作，落实检测项目设置与测点分布设置的各项要求，加强巡查管理与渗流量观测，消除大坝上下游存在的各种安全隐患，发现问题就要立即向上级部门报备，以寻求最为妥善的解决方法，杜绝安全事故的发生，将因监管不力造成的各项损失降到最低。表面位移监测散点图如图 3-22 所示。

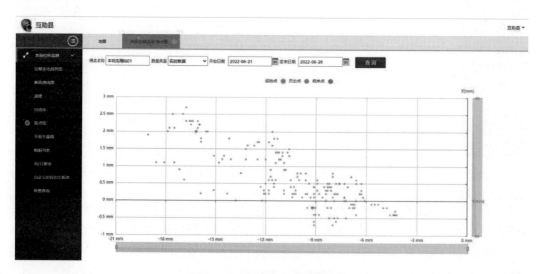

图 3-22　表面位移监测散点图

4）监测平面矢量图分析。为了能够规范水土保持方案编制阶段防治责任范围矢量图制作方法，提高行业内空间矢量图形的制作质量，同时为以后制作空间矢量图形提供依据，指导水土保持方案编制行业内各参建单位人员开展工作，对空间矢量图在方案编制阶段的绘制标准及方法进行讨论和研究，分析不同制作方法的可行性和可操作性，总结形成矢量图制作标准和方法。表面位移监测平面矢量图如图 3-23 所示。

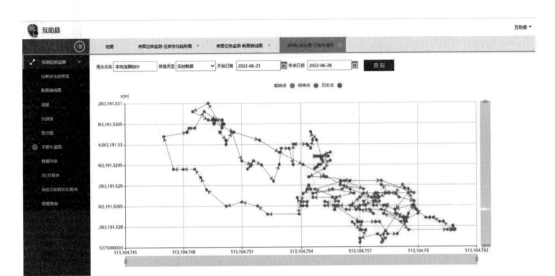

图 3-23　表面位移监测平面矢量图

5）数据列表分析。客观精准的水利统计成果不仅是增强水利支撑保障民生能力的本质要求，还是正确决策的基本依据。借助细致全面的统计掌握第一手资料，并且对数据资料进行科学分析、合理预测，能清晰揭露水利事业发展中存在的问题和矛盾，有利于对水利事业的发展和管理起到预警作用。此外，当前的基层水利统计工作正逐步朝着信息化、智能化的方向发展，为水利建设发展提供了良好的服务，有效改善了传统水利统计时效性差、准确性不达标、统计方法滞后等缺陷，注重水利统计资源的共享，同时建立完善健全的统计台账，可进一步提升全系统的水利统计工作。表面位移监测数据列表如图 3-24 所示。

序号	断面名称	测点名称	数据类型	时间	X累计位移(mm)	Y累计位移(mm)	H累计位移(mm)	2D(mm)	3D(mm)	X当次位移(mm)	Y当次位移(mm)	H当次位
1	昝扎水库	昝扎水库测站01	实时数据	2022-06-28 15:00:00	1.70	-6.30	16.90	6.53	18.12	-0.20	-1.20	1.
2	昝扎水库	昝扎水库测站02	实时数据	2022-06-28 15:00:00	1.40	-2.80	14.80	3.13	15.13	-0.10	-1.10	2.
3	本坑沟水库	本坑沟测站01	实时数据	2022-06-28 15:00:00	-0.20	-9.20	10.00	9.20	13.59	0.00	-0.20	-0.
4	本坑沟水库	本坑沟测站02	实时数据	2022-06-28 15:00:00	-2.40	2.10	-9.40	3.19	9.93	-0.30	-0.60	0.
5	本坑沟水库	本坑沟测站03	实时数据	2022-06-28 15:00:00	-1.50	4.70	0.10	4.93	4.93	0.00	-0.20	0.
6	昝扎水库	昝扎水库测站01	实时数据	2022-06-28 14:00:00	1.90	-5.10	18.60	5.44	19.38	0.20	-0.10	-1.
7	昝扎水库	昝扎水库测站02	实时数据	2022-06-28 14:00:00	1.50	-1.70	16.90	2.27	17.05	0.10	0.10	-0.
8	本坑沟水库	本坑沟测站01	实时数据	2022-06-28 14:00:00	-0.20	-9.00	9.90	9.00	13.38	0.20	0.10	-0.
9	本坑沟水库	本坑沟测站02	实时数据	2022-06-28 14:00:00	-2.10	2.70	-9.30	3.42	9.91	0.10	0.30	-0.
10	本坑沟水库	本坑沟测站03	实时数据	2022-06-28 14:00:00	-1.50	4.90	0.40	5.12	5.14	-0.10	0.10	0.

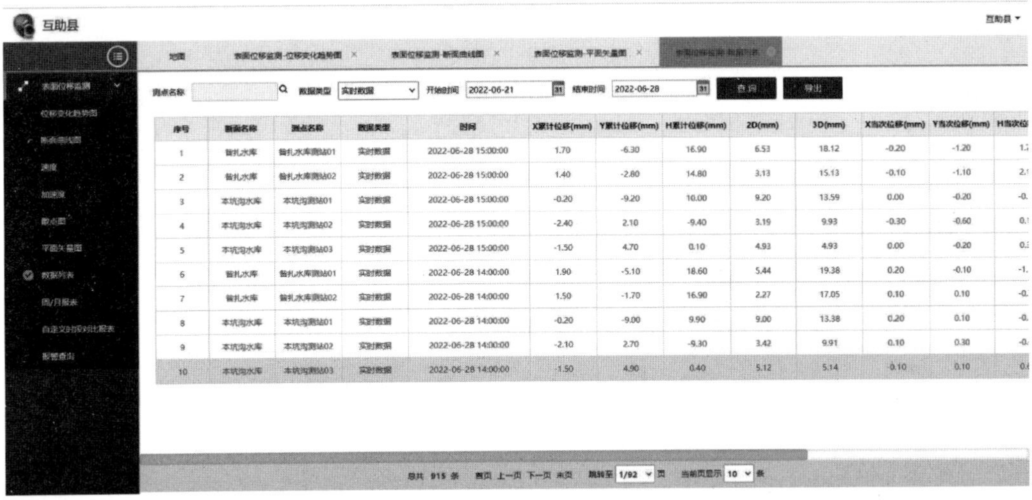

图 3-24　表面位移监测数据列表

（3）及时报警。通过布设在坝体内部和表面的各种类型的传感器，获取大坝变形、渗流、沉降、位移、水文、气象等相关数据。传输到相关软件系统，实现对整个坝体的全方位实时监测。数据超过告警上限时系统自动根据该预警数据发布不同级别的报警信息。可设置多级报警，支持弹出软件窗口报警、邮件报警、短信报警及声光报警等功能，多种方式将报警信息传达至相关领导和责任人。表面位移监测报警查询如图 3-25 所示。

图 3-25　表面位移监测报警查询

（4）视频远程监控。视频远程监控包括对上下游水域、坝上、坝下和闸房内部的实时视频监控，用户可以从监控终端实时看到现场的视频图像，同时还可以通过软件控制现场摄像机镜头以及云台，根据需要调整光圈大小、焦距远近、变倍高低以及视频角度等，满足用户对现场多方位视频图像的监控需要，确保水库大坝运行安全。远程视频监控如图 3-26 所示。

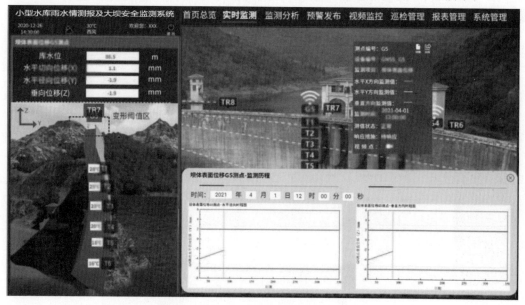

图 3-26　远程视频监控

（5）数据分析预判。对大坝浸润线、库水位、实时雨量、大坝渗流量及坝体位移历史数据等相关数据进行综合比较分析，推算出各类坝体运行数据的时间和空间的相关性，综合判断坝体的健康状况。

（6）GIS 模拟建模。在适用前提下将水库大坝安全管理过程中的新思想、新方法融入到系统开发，做到数据和图形相融合、GIS 与数学模型相结合，把科学计算的结果通过三维情景表现和动态的形式直观展现出来。

（7）操作便捷。具备 LCD 液晶显示屏以及多功能输入键盘，用于现场参数设置、人工置数、安装调试、状态显示等功能，以及串口配置方式。同时，支持多种工作模式（包括自报式、查询式、兼容式等），可最大限度地降低功耗。

3.4.3 工程施工质量实时监控模块

3.4.3.1 大坝碾压质量实时监控

碾压作业是大坝施工过程中的重要一环，碾压作业的施工质量影响着大坝的施工质量，直接关系到大坝的安全；碾压作业的施工进度影响后序环节的施工，制约着整体施工进度，间接影响施工成本。

然而数字化实时监控技术还存在着碾压作业过程施工信息感知不全、传统统计分析方法对施工信息分析不透彻、反馈控制水平低等不足。智能碾压是对数字化碾压的全新升级，是通过对大坝碾压施工信息智能感知、深度挖掘以及智能决策支持与控制等技术实现大坝填筑压实质量的智能控制。智能碾压的主要研究内容包括碾压参数的智能感知、碾压质量的智能评价和碾压过程的智能反馈控制等。

碾压参数的智能感知是在数字化碾压监控感知技术的基础上通过集成加速度计、无人机、计算机视觉等新型感知测量设备和新型感知技术，实现碾压作业过程施工信息的泛在精准感知。智能感知为碾压质量的智能评价和碾压过程的智能反馈控制提供了数据基础。

钟登华等（2019）认为碾压质量智能评价方法主要有两种。①采用基于碾轮振动特性的指标反映被碾材料的压实质量，如 CMV（Compaction Meter Value）、RMV（Resonance Meter Value）和 CCV（Continuous Compaction Value）等，常见于道路施工中的 IC 技术（In-telligent Compaction）和 CCC 技术（Continuous Compaction Control）。该方法基于碾轮和被碾压的路面或路基能形成良好耦合系统的假设，即碾轮振动特性主要取决于碾压路面或路基的刚度或密度。然而大坝填筑材料的均匀度同于沥青或黏土等，因此碾压施工机械与坝料难以形成良好的耦合系统，目前已经发展出了一系列应用于大坝工程的智能压实指标，如 CV（Compaction Value）、SCV（Sound Compaction Value）和 CF（Compaction Feature）等；②基于数据驱动模型来评价压实质量，如人工神经网络和支持向量回归等模型。这类模型基于机器学习算法，模型精度较高，对参数的考虑更为全面，是当前研究的热点。在智能碾压的反馈控制方面，采用机载馈控系统对碾压作业过程进行实时控制是目前较为先进的反馈控制方式。骆晓锋等（2020）认为机载馈控系统如 ODMS（The Onboard Density Measuring System）、MAS（Multi-Agent System）、ICA（Intelligent Compaction Analyzer）以及碾压质量实时监控系统等，是通过将碾压信息反馈至操作手，指导其进行碾压作业。在智能碾压的反馈控制方面，无人碾压技术是又一重大突破，改变了传统人工控制碾压机作业的方式，通过底层控制机构和智能控制算法，减少了作业过程的人为干预，进一步提高作业精度和效率。大坝智能碾压总体的发展趋势可总结为感知精细化、分析精准化和控制智能化。下一步需要进一步提高感知、分析和控制的集成水平，实现作业机具从传统碾压机械到智能碾压机械再到智能碾压机器人的提升。

3.4.3.2　料源上坝运输实时监控

由于料源上坝运输自卸车上安装了自动定位设备，实现对于自卸车从料源点到坝面的全过程定位与卸料监控，主要实现如下一些功能。

1. 上坝运输车辆实时定位

车载定位终端每分钟对自卸车进行常规定位，应用 GIS 技术建立大坝施工区二维数字地图，根据车载定位数据与状态数据于地图上实时显示上坝运输车辆位置、车辆编号、装料点、载料性质、目的卸料分区，并以不同颜色来表示车辆空满载状态。

2. 车辆调度信息 PDA 录入

为现场车辆调度人员配备装有内置数据采集程序的 PDA，根据现场实际情况及时更新上坝运输车辆的装料点、载料性质及目的卸料分区信息，保证系统数据的实时性。

3. 上坝运输车辆卸料点判定

自卸车于坝面卸料时，系统即时记录此时车辆所在位置为卸料位置，并将卸料点坐标对应车辆编号、卸料时间入库存储；同时，根据卸料点坐标判断其所属填筑分区，与该车辆的目的卸料分区进行比较，如不一致则在监控终端显示错误卸料报警，同时以短信形式发送至现场施工管理人员手持 PDA 上。

4. 上坝强度统计

按照卸料记录对应车辆额定装载方量对不同填筑分区、不同料源分时段进行上坝强度统计。

5. 上坝道路行车密度统计

根据车辆监控数据，统计各施工期内上坝路口的行车密度，并分析车辆排队情况。

3.4.3.3　土石料自动加水控制

为有效保证土石料运输车辆的加水量，避免人工操作的误差以及常规加水量监控的局限性，集成无线射频技术、自动控制技术和无线通信技术，建设一套土石料运输车辆加水量全天候、远程、自动监控系统，以实现按车按量精细监控确保加水量满足设定的标准要求。系统实现如下功能：

（1）满足土石料运输车辆加水量 24h 连续监控的需要。

（2）车辆驶入加水区域后，自动读取加水车辆的信息，如车辆编号、型号、应加水量、应加水时间、载重量等。

（3）采用红黄绿信号等自动提示车辆加水状态。

（4）车辆驶入加水区域后，系统自动打开加水管道阀门，并在达到该车应加水量后自动关闭阀门，同时信号灯提示车辆可驶离。

（5）将每台运输车的到达与离开时间（由此计算实际加水时间和实际加水量）、车辆编号等信息自动发送到总控中心，评判该车加水量是否达标。若不达标，通过现场监理分控站的电脑和监理、施工人员的 PDA 手机进行报警。

（6）按期统计汇总运输车辆的加水情况，形成报表上报相关部门。

3.4.3.4 大坝施工现场信息 PDA 采集

大体积填筑体施工质量控制不能单纯依靠实时监控系统（其注重对大坝填筑施工表面外观尺寸的监控），实际施工中对于一些施工数据的采集，还必须辅以仓面人工检测、巡视检查等手段。现场施工管理人员通过手持具有无线通信功能的 PDA，实现现场数据的采集。系统主要实现如下功能：

（1）现场试验数据（试坑试验）与现场照片的 PDA 采集，包括整个施工期内的所有试坑信息（包括监理、施工单位、业主三方数据）。

（2）坝料、料场、运输车辆等信息的 PDA 采集。

（3）现场采集与分析数据通过 PDA 无线传输至系统中心数据库，以备后续应用。

（4）对于相对固定的信息通过 PC 输入，PDA 主要采集施工过程中的临时变动数据。

（5）实时接收各监控系统的报警信息，准确提示施工管理人员和质量监理人员，以便他们及时指示返工或调整，使大坝填筑质量在整个施工过程中始终处于受控状态。水库大坝施工进度概览展示和详细展示如图 3-27 和图 3-28 所示，水库大坝施工质量展示如图 3-29 所示。

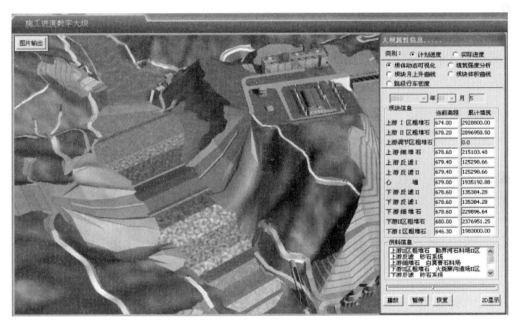

图 3-27 水库大坝施工进度概览展示

3.4.3.5 智能灌浆

坝基灌浆可提高坝基岩体的强度，并阻止坝基中的潜在水流和内部侵蚀，因此对坝基进行灌浆处理是提高大坝施工过程安全性和大坝运行稳定性的关键技术之一。然而，灌浆具有施工工艺流程复杂、施工过程难以控制和施工质量难以评价等特点，因此需要采用先进的科学技术对灌浆过程进行研究。灌浆研究的发展可大致分为 3 个阶段：第一阶段主要是对工程经验的简单应用；第二阶段主要实现灌浆数据的采集和可视化展示，如美国的

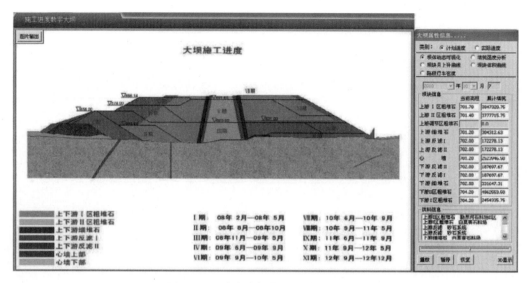

图 3-28　水库大坝施工进度详细展示

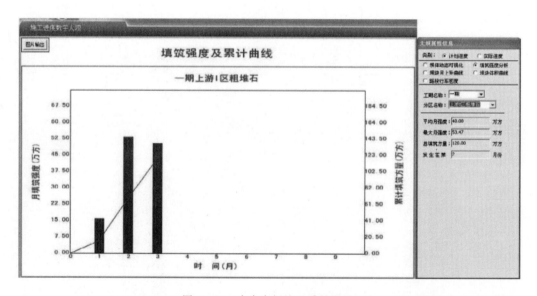

图 3-29　水库大坝施工质量展示

AIAS（Advanced Integrated Analytical Systems）；第三个阶段为智能灌浆，所谓智能灌浆，樊启祥等（2019）认为是指以物联网、大数据、人工智能、云计算平台等新一代信息技术为基本手段，充分运用数据挖掘、智能分析、智能决策等对灌浆过程信息进行实时感知与深度挖掘分析，对基础灌浆动态智能调控提供决策支持。水库大坝智能灌浆展示如图3-30 所示。

3.4.3.6　智能交通

在大坝建设过程中，确保坝料按既定路线运输并对坝料进行合理加水，同时防止错误

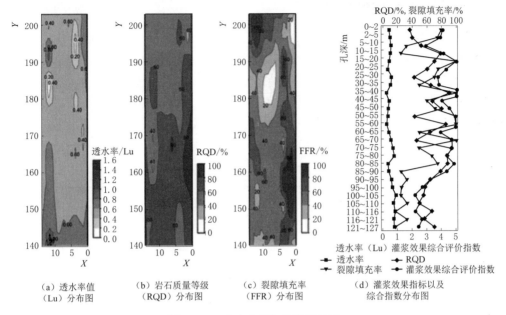

(a) 透水率值
(Lu) 分布图

(b) 岩石质量等级
(RQD) 分布图

(c) 裂隙填充率
(FFR) 分布图

(d) 灌浆效果指标以及
综合指数分布图

图 3 - 30　水库大坝智能灌浆展示

卸料等是保证大坝建设进度、成本、质量综合最优的重要因素，因此有必要对大坝建设中坝料交通运输环节进行有效管控。然而，数字化阶段仍存在着信息感知不全、传统统计方法对运输过程信息分析不透彻、对交通运输过程的优化控制不足等问题，大坝建设交通运输管控迫切需要朝着智能化方向发展。大坝建设中的智能交通，是指以当前蓬勃发展的空间定位技术、传感器技术、无线通信技术、数据库技术、GIS 技术、计算机智能视觉技术等为手段，对车辆运输过程中的实时位置及作业状态进行实时感知、实时传输、智能分析与可视化表达，实现坝料运输全过程的智能监控。系统考虑了不同坝料、坝料含水率、坝料运载重量，并综合分析温度、风速、降雨等局部气候影响下坝料含水率变化过程，采用数据挖掘、人工智能等算法对坝料运输车辆加水量及仓面补水量进行智能分析与控制，构建工区气象短期预报模型和堆石料含水率变化量预测模型，对运料车辆应加水量进行智能分析与精准预测，实现了坝料运输及施工仓面的智能加水。当前的大坝建设智能交通正朝着感知信息精细化、分析优化精准化和反馈控制精确化方向发展，未来需要融合人工智能新技术，实现大坝建设交通运输管控的感知、分析和控制水平的进一步提升。此外，将大坝建设交通运输纳入到大坝施工全过程复杂系统中进行协同智能优化是未来科学发展的必然趋势。

3.4.3.7　智能振捣

混凝土振捣是大坝施工中的关键环节，振捣质量直接影响混凝土坝长期运行中的安全性及稳定性。如何有效保障混凝土振捣质量，智能振捣指明了解决方向。智能振捣是以物联网技术、人工智能技术等为手段，通过实时全面感知振捣作业信息，对混凝土振捣质量进行智能分析与反馈控制，确保仓面混凝土振捣施工质量。

3.4.4　移动巡查定位模块

针对水库大坝实际工程特点，以物联网、智能技术、云计算与大数据等新一代信息技术为基本手段，构建集智能化、一体化、信息化于一体的水库大坝智能巡检系统，以实现安全巡检状态的可感知、可诊断、可决策。

水库大坝安全智能巡检系统逻辑架构如图 3-31 所示。感知层主要由巡检人员携带智能巡检设备对水库大坝安全巡检信息进行实时录入与更新，并采用 GPS、RFID、二维码、蓝牙、GPRS、WiFi 等技术实现各智能设备与云端的互通互联。

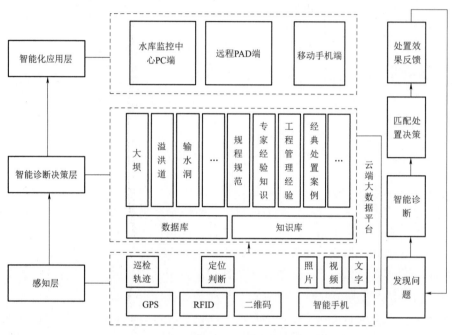

图 3-31　水库大坝安全智能巡检系统逻辑架构

智能诊断决策层为大数据平台，为大坝安全巡检提供多种服务和运行环境，是决策、反馈与处理的中枢，主要包括云端数据库和云端知识库。云端数据库主要将大坝安全巡检信息依据国家标准和行业标准分类、有序地储存在云端；云端知识库主要由大坝安全管理相关规范、专家经验知识、类似工程管理经验和经典案例以及从云信息库中挖掘出的知识等数字化表达形式构成，是大坝安全管理的依据边界、数学模型的触发边界，同时也是智能决策的支撑边界。智能化实时分析模块借助云计算平台提供的云计算能力，基于云数据库和云知识库，借助数学分析模型及相应的坝工知识，实现分析计算和决策，构建水库大坝智能巡检大数据平台。智能化应用层是智能巡检系统的应用平台，主要有监控中心与移动客户端。管理人员可以通过 PC 端和 PAD 移动端等实时查看水库水位、库容、巡检任务、巡检人员、巡检路径、巡检状况等信息。水库大坝安全智能巡检系统网络架构如图 3-32 所示。

1. 人员管理

该功能主要管理系统的组织结构、人员信息、责任范围、级别等信息，根据级别确定

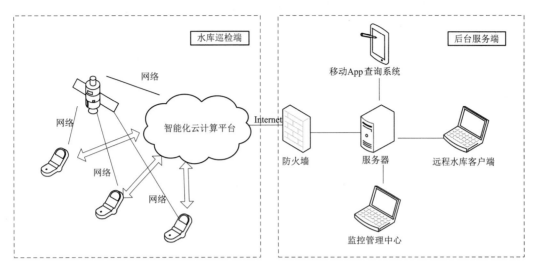

图 3-32 水库大坝安全智能巡检系统网络架构

人员工作任务和系统中数据可查看范围。

组织结构：是为整个管理系统的人员建立的管理模式，在管理工作中给人员分配职务范围、责任范围、级别权限，为整个巡检系统的任务分配、任务跟踪提供组织基础。

人员添加：主要为子系统添加工作人员、管理人员等信息，并为他们分配组织部门、级别权限，为整个巡检系统的任务分配、任务跟踪提供人员基础。

人员权限分配：主要是将管理系统中的人员分配到指定的组织部门中，并限定组织的工作范围，再对组织中的人员职权范围进行细化、分配不同的权限。

2. 智能巡检管理

巡检路线设定：根据不同工程所要关注的重点部位设定不同的巡检路线。

巡检任务制定：管理员在系统中录入为每次巡检任务制定的计划，巡检人员通过移动终端设备查询到被分派的任务。

巡检任务提醒：移动终端设备接收到制定好的任务时，提醒巡检人员查看该任务。

巡检任务执行：巡检人员在持有移动终端设备巡检时，移动终端设备通过 GPS 定位记录巡检路线，并通过 GPRS/WiFi 将巡检情况上传到智能巡检管理系统。

提交巡检报告：巡检人员在巡检过程中遇到问题时，通过移动终端设备记录问题现象，并上传到智能巡检管理系统。

巡检任务审核：当一次巡检任务完成时，需要上一级管理人员对巡检结果进行审核确认，审核通过后即可认为巡检结果有效可信。

3. 水库大坝安全智能诊断分析

异常现象报警：对水库工程巡视检查发现的异常现象进行报警。

巡检问题类别诊断：对巡检发现的问题按照隐患类别（渗流、变形、裂缝、管理措施等）进行分析诊断。

隐患处置对策：根据现场发现的问题自动响应提出对策。如对安全监测隐患进行查询，某个巡检任务发现大坝坝顶出现纵向裂缝，点击对策建议，将弹出相关的应对措施。

关联隐患处置案例：根据现场发现的问题对应国内外相关工程隐患处置案例，在典型案例解析过程中进一步指导本工程隐患处置。

隐患处理效果反馈：对每座水库发现的问题进行处置时，对处置过程和处理效果进行后跟踪，以反馈该隐患处置方法是否得当。

4. 查询统计管理模块

巡检任务查询：根据时间查询每次巡检的各项内容，包括文字信息与视频、照片信息。

人员巡检轨迹回放：对所有巡检人员或指定巡检人员在设定时间内的巡检轨迹进行回放。

巡检类别查询：根据汛前检查、汛中检查、汛后检查、特殊检查等类别查询巡检任务。

巡检到位管理：对巡检人员到位率分析评定。

巡检隐患查询管理：对工程安全隐患根据诊断出的问题类别进行查询和管理。

巡检报告输出：对巡检结果进行制定，输出巡检报告。

巡检点设置管理：根据工程建筑物设置巡检点。

巡检路线设定管理：根据巡检点的动态组合制定不同的巡检路线。

3.4.5 智慧检修管理模块

智慧检修管理是优化设备检修、提高设备可用时间及优化人员劳动效率的重要途径，主要包括远程诊断与状态检修、智慧学习与设备自愈两大管理功能。通过智慧检修管理，以远程诊断为结果，根据设备状态开展精准检修，最大限度节约检修成本；根据维护消缺过程，不断智慧学习，提升设备自适应能力，实现设备问题自愈，保证设备随时可用；最终通过智慧检修实现电站设备管理更智能，运行更高效。水库大坝智慧检修管理功能如图 3-33 所示。

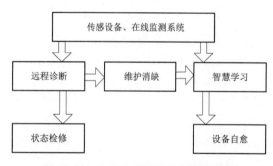

图 3-33　水库大坝智慧检修管理功能

3.4.5.1 远程诊断与状态检修

远程诊断是通过读取统一数据平台里电站计算机监控系统、机组在线监测系统、主变在线监测系统、故障录波系统、保信系统等自动化系统的监测数据，经特征计算、模型识别等技术分析，实时掌握水电站水轮机、发电机、主变压器等主辅设备的状态，并进行趋势分析，根据设备运行趋势做出技术诊断和维护决策，形成警示或设备运行优化及维护决策指令发送至电站运维人员，提醒运维人员有针对性地进行设备优化和维护消缺。同时，通过对设备运行历史数据进行模型分析，结合设备实时状态与调度方式安排，实现设备的状态评估、预测，形成机组状态检修决策方案，指导运维人员有针对性地开展设备检修，改变现有常规计划检修的工作方式，最大限度节约大坝检修成本。

远程诊断系统可在现场控制中心、远程集控中心、集团总部同步布置，以不同的权限进行系统访问控制，通过个人信息管理、角色管理以及系统配置等功能，实现各层级对电站生产经营情况的掌握和管控。各层级之间设置防火墙用作入侵检测，实时监测关键业务系统和网络边界的关键路径信息，实现安全信息的可发现、可追踪、可审计，并通过配置地址转换策略，使诊断系统安全运行。

远程诊断系统具有大坝基本概况、水情、机组设备参数、实时运行数据、报警信息、利用小时数及安全运行天数等综合信息的展示功能；具有机组设备健康状况分析评价、监测报告自动生成、历史分析曲线查询、对比分析决策等状态监测功能；具有水轮机效率、耗水率、漏水率、水能利用率等能效分析及经济运行优化建议功能；具有设备故障统计、分析、故障建模诊断、故障处理决策等功能，使生产运维工作更有针对性；具有设备状态评价、机组设备状态总体分析、检修决策建议、检修评价以及检修历史资料管理等功能，以检修评估实现状态检修决策。远程诊断与状态检修逻辑图如图3-34所示。

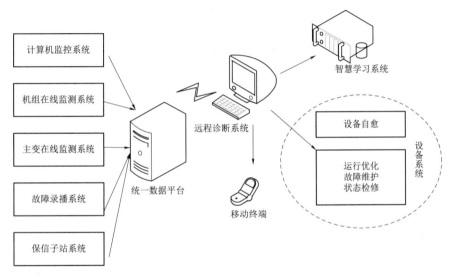

图 3-34 远程诊断与状态检修逻辑图

3.4.5.2 智慧学习与设备自愈

智慧学习系统是利用机器学习技术，在不同运行方式和工况下对设备维护决策与运行优化过程进行学习，通过模拟学习获取知识技能，不断优化和改善系统自身性能，并在类似问题再出现时，指挥现场机器人进行设备故障处理，实现无人干预情况下的设备缺陷自愈功能。

智慧学习和设备自愈是远程诊断决策的高级应用，通过智慧系统与现场机器人及感知设备的配合，可解决生产现场堵漏、紧固、疏排等发生较频繁而又相对简单的维护消缺工作，最大限度地减少运维人员的劳动。

3.4.6 水库防汛模块

该模块由六大部分组成：基本信息部分、实时信息部分、GIS地理信息地图部分、应急预案管理部分、防汛工作管理部分、洪涝预报部分。其主要任务包括信息采集和传送、信息接收和处理、预测分析、提供调度决策方案、灾情评估分析和应急方法分析、组织管理及日常业务处理等，利用 GIS 系统、卫星遥感技术和数据库技术为防汛工程提供技术支撑，使水、雨情信息及时传递、洪水预报准确及时、科学进行调度指挥、有效实现防汛管理的可视化。水库防汛工作流程如图 3-35 所示。

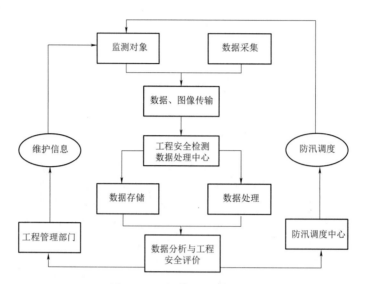

图 3-35　水库防汛工作流程

3.4.6.1　基本信息部分

全市基本情况：全市的地理概况、社会经济概况、气象环境概况、总体防汛情况等；各县（市、区）的地理概况、社会经济概况、气象环境概况、总体防汛情况等。

河流信息及其堤防信息：河流的基本情况、流域特征、河流水文特征、堤防建设情况、历史险情、其他历史资料、河流沿途雨量站及水文站、河道断面、抢险通道等。

水库及其工程信息：水库的基本情况，流域情况、工程分布图、工程技术指标信息、大坝剖面图等基础信息。

排退水渠信息：排退水渠影响范围、断面图，水文信息、水位及断面流量等相关信息。

淤地坝信息：所在位置、保土拦沙的性能、工程信息等基本信息。

缓洪池信息：所在位置、设计资料、蓄滞洪能力等信息。

雨量站信息：雨量站点所在河流、所控制河流区间、编号、传输方式等基本信息。

水文站信息：水文站点所在河流、控制点在河流位置等基本信息。

防汛抢险队伍信息：机动抢险队伍、专业抢险队伍、群防队伍、解放军、武警、公安等抢险队伍的基本信息。

物资储备信息：各级各县区抢险物资类别、数量、存储仓库位置、调拨管理等信息。

实时雨、汛情：收集实时的雨情、汛情，存储、编辑并被调用。

防汛工作动态：定期收集工作动态，编辑、调用查阅。

城市渍涝信息：在图上标示，城市易发生渍涝点的位置、面积、影响程度等信息，收集实时渍涝信息，编辑并被调用查阅。

工情：防洪工程布设图、城市洪水风险图、城市积水状况图和基本情况，城区排水设施（雨水抽排泵站）分布图及其基本情况、城市雨水管网图及基本情况、抢险避险及逃生路线图等，结合 GIS，在地理信息地图上标示，并将基本信息输入数据库，对其管理维护修改，并可为洪水预报而形成专题地图，且可实时编绘。

系统具有的功能：设立水利信息数据库，能将信息进行采集、传输，维护、修改、管理、抽用、统计报表等功能。在查询界面上直观表示，同时其他模块可以抽取数据库数据。

3.4.6.2 实时气象、雨情、水情、工情模块

本部分具有采集传输实时的气象、雨情、水情、工情，并能够存储至特定数据库内，同时能调用查询，并具有与历史气象雨情、水情、工情进行对比的功能。与已有的卫星云图、气象信息、雨量信息、水文信息、实时监控等系统连接，将各种防汛信息数据采集传输至本系统内。

卫星云图信息：获得截至当前 12h 之内所有云图情况，包括红外图、水汽图、可见光图、雷达回波图和立体云图。

气象情况：根据最近获得的气象云图信息，实时创建有根据的预报。

雨量信息：接收并查看各雨量站传输到的即时数据，以所在河流为划分条件，如虎峪河上游、中游、下游各有一个雨量站点共三个，以此类推其他站点。

水文信息：接收并可编辑实时水文数据和信息。

实时监控工情：接收监控系统信息的同时可随时调出了解各断面实时的水雨情、主要防洪设施工情、城区内积水点的实时情况。

3.4.6.3 GIS 地理信息地图部分

GIS（地理信息系统）能针对指定的应用服务，记录存储事物的空间位置数据和属性情况，记录工程之间的关系和演变进程。建立适用于防汛工作的地理信息数据库，结合地理信息系统的地理信息数据成图和地理分析功能，实现查询和统计分析等，从而使其在防汛工作中起到解释事件、预测结果、提供方案等具体作用，为防汛指挥决策提供支持。利用 GIS 独创的行业实体库技术，实现各实体信息快速入库、及时更新。

3.4.6.4 应急预案管理部分

将各类各级应急预案（防洪抢险、排涝应急预案等）细化，建立应急预案数据库，使预案细化科学化，使之与洪水预报结果有可靠联系，在后台保证系统能及时提出解决方案。

对预案内容进行维护管理，方便修改、增删，可增加新类别级别的预案，并可以设定关联内容。

在系统及时提供有关预案后，根据汛涝所在地区，将完备的相应县、区的防汛资料供管理人员选择查看。根据险情提示准备相应的方案，以及险情所在地区的防汛机构通信录、权责表、抢险队伍信息、物资储备信息等。

3.4.6.5 防汛办公部分

防汛办公部分指防汛机构的职责和通信情况等，可以自主便捷地进行检索，与此同时

找到与预案相关的资料。

（1）各级防汛指挥机构管理人员和单位联系方式。市级所在的各级防汛指挥部成员单位联系方式，市级防汛指挥部成员单位联系方式，各县、区防汛抗旱指挥部成员单位联系方式。

（2）市防汛办值班管理。协助市防汛办管理人员对程序及其值班事项进行管理，编排值班表、管理人员联系方式。

3.4.6.6　洪涝预报部分

洪涝预报是利用现有资料数据建立适用的水文测报模型，将采集到的实时降雨数据与河道、流域的基本特征量统一整理后进行分析，对汛情数据进行对照分析后，用模型得出洪水渍涝特征值，最终预报汛情。

1. 建立适用的各种水文计算模型块

各种水文计算模型块包括雨情分析模型块、水情分析模型块，以及建立在雨情和水情分析结果基础上的工情分析模型块。

计算模块的参数、模块本身对于计算模型的部分应当留下可编辑修改的余地，根据资料的积累，计算模型及其参数选择应具有重新调整修改的功能。

（1）雨情分析模型块。建立雨情分析模型，将接收到的各测站实时雨量按照各测站之间的关系（具有共同控制范围的雨量站的关系）进行统计分析，为水情预报提供准确的数据。提供雨量监测、雨量分布等信息，在电子地图上实现基于GIS的雨情信息查询、雨量动态监视、暴雨信息警示、雨量等值线、雨量等值面，并提供一系列的雨量报表、图表统计等功能。其具体模块有：各站点雨量分析，各雨量站降雨级别分析等，从而为预报提供数据，进而生成各测站的降雨量曲线等。

（2）水情分析模型块。建立合适的各种水情分析计算模型，以河流为单位，结合河流上的雨量站雨量分析情况，分析计算河流上各断面的水位流量、各断面之间的洪水演进、各断面的洪水过程情况，分析洪水概率等。为在电子地图上实现基于GIS的洪水及渍涝预报（如信息查询、水位动态监视、汛情信息警示，并提供一系列的水位报表、报图统计和报警等），提供准确的分析数据。

（3）工情分析模型块。利用数据分析模型块分析计算的数据，结合工情的实际基本情况，对防洪设施承受洪水情况进行分析，对工程受损后的影响范围进行分析评估，为洪水预报提供准确依据。在电子地图上实现基于GIS的河道信息的数据查询和管理，并提供专题地图，对其进行演示。

2. 洪水预报

通过对雨情（自动接入和人工录入）、水情和工情的详细准确分析，进行比较，将分析、计算及评估的结果以文字、图表、曲线专图、专题地图、图像、动态演示等直观的方式表现出来。

洪水预报包括各雨量站降雨过程线、洪水过程线图、断面流量水位曲线、动态洪水演进、淹没范围风险展示、洪水预报专题图、洪水工情专题图、渍涝情况专题图等。为会商提供直观的信息，最终给出较准确的会商结果。

对洪水风险范围进行评估，在地图上可查询到影响范围及面积、相应范围内的情况、经济损失等详细情况。

3.渍涝预报

通过降雨量信息，结合城市渍涝基本信息，以及实时渍涝情况，为会商提供基于 GIS 地理信息系统的渍涝专题地图以及相关信息：渍涝点分布图、雨洪管网布设图、排涝设施排布图。同时，考虑渍涝点的时空分布不均，需要在专题地图上进行实时标绘或是实时擦除某渍涝点。

对渍涝情况进行分析，在地图上可查询到该渍涝点的影响范围、影响时间、影响程度等情况。

4.预报预警

将洪涝预报结果数字化，与应急方案数据库进行关联。结合洪涝预报结果，进行预警预报，自动提供相对应的应急方案，并在电子地图上高亮显示报警信号，从而为会商提供辅助支持，提高决策效率。

黄土高原地区洪水预报模型的应用和防汛指挥系统的实践证明，该模型对于产流汇流的计算取得了较好的精度。该系统相对稳定，不因开发软件的选取等问题而影响系统的使用和安全稳定，方便未来对系统进行升级和扩展。在未来，对于系统的安全性还应投入更大精力，系统要严格设置修改权限，凡对系统数据进行修改者须输入正确的用户名和密码，没有获得授权的用户，无法修改系统数据。

3.4.7 水库视频监控系统

水库视频监控系统主要由前端子系统、存储子系统、显示子系统等组成。

3.4.7.1 前端子系统

前端子系统主要为实现各监控中心对各监控点图像进行调用和观看而设计的。前端子系统主要由数字前端监控点和模拟前端监控点组成。

1.数字前端监控点

数字前端监控点采用全数字高清网络枪式摄像机、全数字高清网络球机，镜头物力解析力可达到 200 万像素，图像采集分辨率为 720P，以 IP 方式接入系统，通过网络传递高清视频信号和控制信号，采用先进的编码技术和低功耗设计，并具有抗雷击和防雷电等保护措施。

2.模拟前端监控点

模拟前端监控点采用模拟枪式摄像机、模拟球机，图像清晰度为 700TVL，具备云台、可变焦镜头等设备，具有长距离传输能力，可防高低温、防雷电和防震。

3.4.7.2 存储子系统

存储子系统主要为实现各监控点的前端集中存储和中心冗余存储而设计的，并且存储系统能够向监控中心、监控分中心和其他客户端提供历史视频检索和回放等服务。存储子系统在物理分布上由前端存储和中心存储两部分构成。

1.前端存储

前端存储采用混合型网络硬盘录像机，该录像机既能接入数字摄像机，又能接入模拟摄像机，同时支持大容量磁盘和预分配技术，易于部署、扩展和维护。前端存储可以将中心交换压力分摊到全网交换设备，有效地降低整网的传输压力，同时提高存储可靠性。

2. 中心存储

中心存储采用存储服务器与磁盘阵列，具备大码流并发写能力，最大可支持 80 路 720P 高清码流写入，同时能够对关键录像进行冗余存储，并具有高可靠性、独特安全技术和无缝扩展能力。

3.4.7.3 显示子系统

显示子系统主要为实现视频的调用和显示而设计的，可实现对视频的远程访问和接收等功能。显示子系统主要由监控中心 DLP 屏、视频监控服务器和 PC 客户端组成，具备对所有视频监控点进行统一调用和显示的功能，具备对历史视频进行回放显示的功能。

3.4.8 水库工程三维展示模块

水库工程三维展示模块主要由三维可视化技术、场景快速调度技术、场景无缝镶嵌技术、三维可视化展示组成。

3.4.8.1 三维可视化技术

三维可视化技术主要运用计算机、图形学、虚拟技术等手段，将现实生活中的物体在虚拟场景中再现，具有生动、直观、多视角浏览等特点。利用三维可视化技术可以直观展现坝址区真实的三维地形地貌、大坝模型、各种安全传感器模型在三维空间的分布情况，实现从宏观到微观、室内到室外的一体化浏览，以及监测信息的三维仿真，可以让大坝管理员快速获取安全信息。然而，在大坝安全管理的三维可视化应用中，面临着场景数据量大引起的场景调度效率问题和三维模型与地形数据的融合匹配问题，本文对场景的快速调度技术和无缝镶嵌技术进行研究，实现了三维场景的快速调度及水工建筑与地形的无缝镶嵌。

3.4.8.2 场景快速调度技术

在三维场景中，随着视点高度的升高，对于场景层次细节的识别度会逐渐降低，反之当视点逐步拉近，对于场景的层次细节将有更高的要求。因此，可以根据视点范围建立三维场景的分层分级关系，借鉴四叉树划分的思想生成三维地形金字塔，如图 3 - 36 所示，满足快速调度的要求。

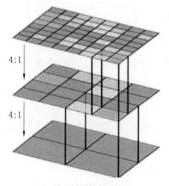
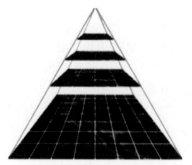

(a) 四叉树网格剖分方式   (b) 地形分层分级效果示意图

图 3 - 36 场景快速调度技术

影像金字塔构建的具体方法是把原始影像作为影像金字塔的第 0 层,通过对原始影像和地形进行重采样,建立起一系列不同分辨率的地形,即生成第 1,2,3,…,n 层,直至最终建立的数据层分辨率满足要求,其中第 0 层即原始地形层分辨率最高、最清晰,经重采样得到的影像分辨率随金字塔层数的增加分辨率依次降低,数据量也依次减少,但表示的范围不变。金字塔通过仅检索使用指定分辨率的数据,可以加快数据的显示速度,在绘制整个数据集时快速显示较低分辨率的数据副本,而随着放大操作的进行,各个更精细的分辨率等级将逐渐得到绘制。

3.4.8.3 场景无缝镶嵌技术

大坝等水工建筑在施工过程中,往往需要结合现场的地形地貌条件进行开挖或回填,满足建筑物的布设要求。而对于反映真实地貌的三维地形,与设计的大坝等三维建筑模型叠加时,也会存在地形覆盖或部分构筑物悬空的问题。为了能将施工现场的开挖或回填过程在三维场景中快速体现出来,则需要三维模型和三维场景的快速无缝镶嵌。镶嵌过程需要计算水工建筑在 xy 平面的最小外包矩形,在该矩形面区域范围内,对三维地形的每一个金字塔层级进行采样处理。对每一个采样点,建立 z 轴方向的射线,对水工建筑物的镶嵌底面进行求交,并将点的高程值设置到贴近待镶嵌建筑物底面。对所有层级金字塔处理完成后,即可最终得到镶嵌后的场景,直观再现现场施工后的场景原貌,如图 3-37 所示。

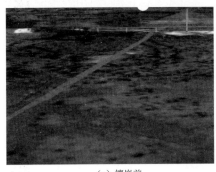 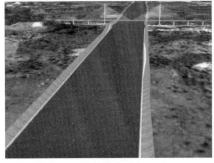

（a）镶嵌前　　　　　　　　　　　　　（b）镶嵌后

图 3-37　场景无缝镶嵌技术

3.4.8.4 三维可视化展示

三维可视化展示系统可集成工程沿线区域大范围航空摄影信息、主要水工建筑物及监测仪器三维模型信息,构建三维可视化管理系统(图 3-38),可实现的功能有:三维模型与安全监测数据的无缝对接与展示;室内外、地上下无缝衔接和一体化的三维场景漫游;测点、测线、断面的三维形变可视化表达及安全监测预警的可视化表达;测点、测线、断面变形过程的多期数据动态数字仿真等。将物联网感知体系获取的安全管理信息以三维可视化技术进行展示,可让管理者快速获取大坝的安全信息。

(1) 大坝三维场景集成与可视(图 3-39)。将坝址区的数字正射影像与数字高程数据进行融合,生成三维地形场景,将海量三维场景利用四叉树技术进行多层次剖分,实现高效场景可视与管理,为大坝安全管理提供地理框架。

(2) 大坝三维模型管理与可视。根据设计、地质、施工和档案资料,构建大坝主要枢

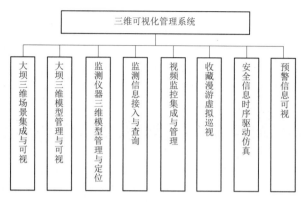

图 3-38　大坝三维可视化管理系统

图 3-39　大坝三维场景集成与可视

纽建筑物的三维模型，利用数据库技术对三维模型进行管理，基于三维可视技术在真实位置展示大坝模型。

（3）监测仪器三维模型管理与定位。对安装的外部位移、内部渗流渗压、内部测斜管、内部位移、内部排水孔、内部压力计等观测仪器类型建立三维实体模型，按照关键仪器实际的三维坐标导入到三维可视化场景中。仪器模型按大坝部位及仪器类型组织仪器目录，平台提供仪器位置调整方法，能将模型安置到实际位置。仪器模型在三维场景中作为对象进行编码，其编码与仪器设计图纸中的代码保持一致。

（4）监测信息接入与查询（图 3-40）。将监测仪器的唯一编码作为查询关键字，实现物联网监测信息的直接接入，实时提取系统数据库中的数据，在三维场景中进行管理与展示。

（5）视频监控集成与管理（图 3-41）。在三维场景中按空间位置将安全监控摄像头模型进行管理，并与实际监控数据进行一一映射，在场景中点击摄像头，展示关联的实时监控信息。

（6）收藏漫游与虚拟巡视。对大坝关键部位、关键测点，可利用收藏夹功能记录相应位置信息，实现三维场景快速定位；将人工巡视路径的关键节点，设置路径关键帧，通过路径内插，形成虚拟巡检路线，结合测点状态、测点测值、视频监控等信息，实现虚拟巡视。

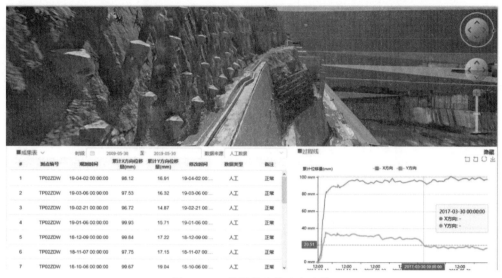

图 3-40 监测信息接入与查询

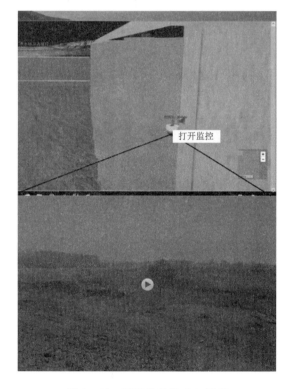

图 3-41 视频监控集成与管理

（7）安全信息时序驱动仿真。对多期安全信息数据，在三维场景中，利用时序驱动仿真技术，对多期成果值进行模拟展示，把握大坝安全性态。

（8）预警信息可视。根据测点的空间分布情况，可在三维"一张图"中实时展示预警信息，并可点击查询任意测点的状态，为管理人员把控大坝安全情况提供决策支持。

参 考 文 献

［1］ 黎作鹏，张天驰，张菁．信息物理融合系统（CPS）研究综述［J］．计算机科学，2011，38（9）：
25 - 31.

［2］ 颜振亚，郑宝玉．无线传感器网络［J］．计算机工程与应用，2005，41（15）：20 - 23.

［3］ 钟登华，时梦楠，崔博，等．大坝智能建设研究进展［J］．水利学报，2019（1）：38 - 52.

［4］ 骆晓锋，黄文龙，邱伟，苏哲，张显羽，游秋森．智能碾压设备在长历时高强度施工条件下的精
度保障方法［J］．新型工业化，2020，10（8）：111 - 113.

［5］ 樊启祥，黄灿新，蒋小春，等．水电工程水泥灌浆智能控制方法与系统［J］．水利学报，2019
（2）：165 - 174.

第 4 章

大坝监测数据处理及评估

水库大坝作为一种重要的水利工程，其稳定运营时常受到各方面因素影响，如地基土壤滑动或者坍塌，蓄水的冻融作用、洪水等。因此，通过各种数据量化的方式对运行中的大坝进行全方位监测，并对得到的数据进行关联处理和全方位评估，便于更加全面和及时地诊断大坝的健康程度，并为其稳定运行提供保障支持。

水利工程的特殊性和复杂性使得直接采用监测得到的原始数据评估建筑物的安全性态变得不现实。因此，为了实现对水利工程安全监测的设计目的，需要结合水工建筑物的特点以及不同安全监测时段的要求，选用不同的监测手段和方法，并使用不同的监测仪器来收集各种格式和类型的数据源。在进行数据处理和评估之前，必须进行相应的预处理和分析工作。这包括如何科学有效地处理采集到的各种运行数据，以及如何对数据进行可视化和统计分析，以便更好地理解水工建筑物的运行状态和提高其安全性。在数据处理和评估过程中，还需要考虑数据的质量、完整性和准确性等因素。此外，数据处理方法的选择也是重中之重。因此，本章将对如何处理采样得到的数据进行详细的介绍。

4.1　数据获取与预处理

受监测条件的影响，任何监测资料都可能存在误差，差别仅仅是误差的大小和性质不同，大坝监测数据也不例外。监测数据误差分为粗差、系统误差和偶然误差，其中粗差是指由于某种过失引起的明显与实际不符的误差，主要是由于操作不当，读数、记录和计算错误，监测系统故障等疏忽因素造成的误差，粗差其实是一种错误数据，必须尽量删除或纠正以减小其对大坝安全分析及预测的影响。数据预处理就起到了这个作用，即将错误的数据纠正、将缺失的数据补全、将多余的数据剔除。目前大坝安全监测中常采用的传统数据预处理方法主要有逻辑判别法、统计判别法、监控数学模型法、数据分类技术等。

（1）逻辑判别法。大坝安全监测仪器一般都有一个明确的测量范围，如果测值超出仪器的测量范围，则测值必然存在粗差。另外，有些仪器虽然没有明确的量程范围限制，但被测物理量的测值应有一定的逻辑合理范围。当观测值超出其逻辑合理范围时，亦认为测值含有粗差。一般说来，当测值中含有较为明显的大的误差时，用逻辑判别法可以做出识别。该法对识别异常数据有效，但无法对其进行纠正。

（2）统计判别法。当水工建筑物在相同荷载条件作用下，如果其结构条件、材料性质及地基性质不变，则其产生的效应量应相同。统计判别法就是根据这一理论，将相同工况下的测值作为样本数据，采用统计方法计算观测数据系列的统计特征值，根据一定的准则找出其中的异常值。常用的统计判别法包括拉依达准则（3σ 准则）、格拉布斯（Grubbs）准则、狄克逊准则（Dixon）、t 检验法（罗曼诺夫斯基准则）等。拉依达准则是以观测次数足够多为前提的，因此这种判别准则可靠性不高，但其使用简便，故在分析要求不高时应用；对观测次数较少而要求较高的数据列，应采用后三种准则，其中格拉布斯准则的可靠性较高，其观测次数也需在 20～100 之间时才能有较好的判别效果；当观测次数较少时可采用 t 检验法。若需要从数据列中迅速判别含有粗大误差的观测值，则可采用狄克松准则。但统计判别法对粗差的检验是基于单纯的数学理论，未涉及效应量的成因，而且所检验出的离群测值很有可能是因为被测对象的结构状态或环境因素发生较大的变化而引起，即这种离群值实际上可能是正确的，反映了结构实际性态，容易被误删。此类方法仅适用于异常数值的识别，辨识能力较强，无法实现数据的纠正。

（3）监控数学模型法。大坝等水工建筑物经多年变形监测后，可得到一系列监控指标的测值，根据监测数值可采用不同方法建立对应的监控数学模型，然后通过已建数学模型实现对监测数据异常值的判别修正处理。通过监控模型往往能发现各个测点的测值变化规律，根据变化规律可判断其是否属于正常范围，了解变化趋势最终实现监测预报功能。监控数学模型有统计模型、确定性模型和混合模型，目前以统计模型使用最为普遍。常用的建立统计模型方法是统计回归法，其原理是经典的最小二乘法，在此之后又发展出来了逐步回归模型、偏最小二乘法、多元非线性回归模型等方法，在测值数量允许的条件下，此类方法对异常数值的识别和修正具有较好的效果。

（4）数据分类技术。在大坝安全监测中，由于相邻测点或部分监测变量具有不同程度的相关性，该方法主要是在已有的监测数据基础上构造出一个分类函数或模型，然后利用该模型可对缺失值进行填补，常见的方法有贝叶斯网络、神经网络、关联分析检验法等，还有其他分类方法，如最临近分类、粗集理论、KNN算法等。

在总结现有数据预处理方法的基础之上，结合大坝安全监测数据的特有属性，针对异常值先通过逻辑判断先筛选一遍，有条件的情况下对测值进行重新采集，如还有问题则查看仪器是否故障进行维修更换；然后对新数据库内容采用监控数学模型法结合统计检验二次分析，对异常数据进行删除、修正或补缺，接着按分类技术方法对缺失值进行补充及监测数据修正，最终汇入整编数据库进行下一步的数据分析。一般地，大坝安全监测数据预处理流程如图4-1所示。

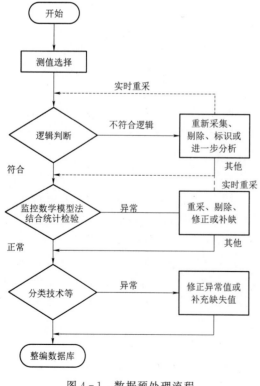

图4-1 数据预处理流程

4.1.1 数据质量控制

保证监测数据的完整、精确和可靠性，对于进行后续的数据处理有着至关重要的作用。在日常运行中，大坝所承受的荷载不断变化，如果监测数据存在误差，数据模型分析得到不精确的结果将会给大坝的安全性带来威胁。对监测数据进行有效的质量控制，可以减少数据的误差，提高数据的准确性和可靠性，避免出现潜在的危险，从而更好地保障大坝的安全运行。同时，有效的数据质量控制还可以减少不必要的维护和修理工作，降低维护成本，提高经济效益。

目前，部分水电站的大坝安全监测工作还仅仅停留在数据采集与汇总层面，没有对数据进行严格的检查把关和监控，直到年度资料整编或定期检查时才发现这些数据存在各种各样问题，如数据缺失和错误、成果计算错误等，有的已经无法实现对数据的追溯和更正。错误的数据不能反映或者错误地反映了大坝安全的性态，也为后期大坝安全资料整编和定期检查等工作带来很多困难，往往会导致年度整编工作无法正常进行，或者整编时间较长，整编数据粗糙、准确性低等。因此需要在日常工作中采取必要的手段，对每一个观测数据进行检查、核对、确认、处理，切实将大坝安全监测工作落到实处，真实、及时地反映大坝安全的性态。一般地，主要从以下方面保证数据质量的高可靠性：

（1）确保传感器和仪器的稳定性及准确性。检查传感器和仪器是否正确安装，并且在使用前进行校准和调试。此外，需要定期检查传感器和仪器的状态以确保其正常运行。

（2）数据审核。对于监测数据进行审核，检查数据是否存在异常值、漂移等问题，并进行相应处理。

（3）数据存储。将监测数据存储在可靠的数据库中，并采用备份措施以防止数据丢失或损坏。

（4）数据传输。监测数据的传输需要进行加密和验证，以确保数据的完整性和安全性。

（5）数据标准化。制定标准化的数据管理和分析流程，以确保数据的一致性和可比性。

（6）定期维护。定期对监测设备和系统进行维护和保养，如更换传感器、清洁设备等，以提高设备的稳定性和准确性。

这里对数据审核进行详细说明。对数据的检查主要从仪器故障；人为操作不当、记录错误、采集缺失；软件故障等方面考虑。

当测点较多时，数据量较大，针对大量的数据，人工检查与核对的工作量较大，这也是大部分数据未经检查处理的主要原因。因此，需要将所有测点纳入到指标监控管理体系，通过指标对监测数据进行初步的评判，将数据按照不同情况进行归类，为检查与核对提供方便的接口，从而快速、有针对性地对数据进行确认和处理。检查指标从检查方法上通常分为测点的采集频次，每个测点每个监测量测值的上下限指标、速率指标、模型指标以及某个特殊情况下的限值指标，如设计上下限指标、量程上下限指标、变化速率指标、统计模型指标、当水位达到一定高度时的限值指标、或往年同期相比差值指标等。

检查指标按检查结果通常分为频次指标、错误指标和异常指标，当测点未按照预定的采集频次观测，标记为采集缺失；当采集到的监测数据超过错误指标，数据将被标记成无效的错误数据；当采集到的监测数据超过异常指标，数据将被标记成异常。数据检查时，应首先根据各种检查指标区分数据，有针对性地对不同情况的数据加以处理，以消除错误的观测数据，使每个测点的观测数据真实、有效，同时能够保证每个测点按照预定的采集频次完成采集。处理方式主要如下：

（1）针对人工观测的采集缺失，需进行补采。

（2）针对自动化观测的采集缺失，需要排查缺失原因，如采集故障、通信故障或电源故障等，按照采集模块、采集通道、采集软件等逐一排查解决，然后进行采集或重新读数。整个模块采集缺失通常是采集模块故障，单个通道采集缺失通常是采集通道故障，整个自动化系统采集缺失通常是采集软件故障。

（3）针对人工观测数据错误的情况，需现场重新采集、核对。可多次采集比对，或更换仪器采集比对。

（4）针对自动化观测数据错误的情况，要现场排查原因。属于仪器故障的，对仪器进行修复后重新采集；属于软件故障或系统缺陷的，需进行修复完善，也可进行人工二次仪表采集，并进行比对。

（5）针对异常的数据，先进行复测，复测结果正常的，作为正常的观测频次存档；复测结果仍然异常的，在确认数据真实有效后，考虑环境、结构等情况对设备的影响，查看历史变化趋势、周边监测设施有无异常变化等，并进行简单的分析，对不明原因导致的异常，考虑持续重点关注、加密观测，必要时进行预警。

（6）针对正常的观测数据，只需查看其历史变化趋势是否存在异常情况。为了做好监测数据的检查工作，将有关工作内容纳入指标管理体系，对相关的工作进行监控，从而有效控制数据质量。主要从数据录入及时性、数据采集完整性、数据检查及时性、数据检查准确性 4 个方面来考虑，具体如下：

1）数据录入及时性。主要是针对人工观测的数据，设置控制指标，约定数据采集后应在几天内完成录入，统计在规定时间内完成数据录入的占比情况。该指标反映观测人员是否及时将观测数据整理入库、归档保存。

2）数据采集完整性。根据人工观测、自动化观测的预定频次来计算其完整性，进而反映各类数据的缺失情况。

3）数据检查及时性。约定数据录入后，检查人员应在几天内完成数据的检查工作，统计在规定时间内完成数据检查的占比情况。该指标反映了检查人员是否及时对录入的各类数据进行检查、核对、确认和处理工作。

4）数据检查准确性。通过各类模型计算出检查可能出错的占比情况，比如明显的错误数据被检查人员设置为正常观测数据等。该指标反映检查人员对数据检查工作的准确性。

设置这 4 类质量控制指标的主要目的是为了更好地监控和管理水工技术人员对数据采集、录入、检查与处理等工作的完成情况和工作质量，进而确保数据的完整性、准确性、及时性和有效性。检查与控制流程结合现实工作，利用检查指标与质量控制指标对数据进行有效检查，并对水工观测工作进行监督和管理控制，数据检查及质量控制流程如图 4 - 2 所示。记录与评价数据检查工作应作为水工观测日常工作按时完成，才能及时发现、处理问题，保证每个测点每期采集数据的准确有效。每次数据检查工作还应填写检查记录，记录本次检查过程中发现的各类问题及其处理方式和结果，以便日后查看与借鉴。定期对数据检查工作进行统计和评价，通过质量控制指标来监督、管理水工人员对数据的采集、数据检查的工作完成情况，记录各项指标的统计值，定期对监测工作进行客观的评价，建立相应的考核机制，进而实现对数据质量的控制。

4.1.2　基本数据处理方法

数据预处理工作可能占据了整个项目的工作量 70％以上。数据的质量直接决定了模型的预测和泛化能力的好坏，其涉及很多因素，包括准确性、完整性、一致性、时效性、可

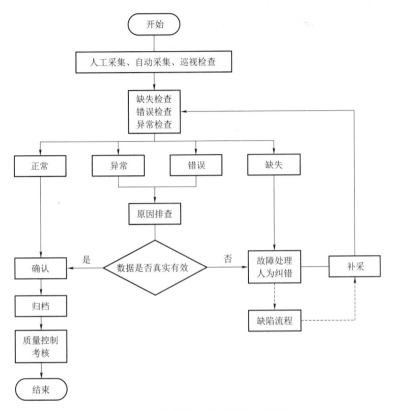

图 4-2 数据检查及质量控制流程

信性和解释性。而在真实数据中，测量到的数据可能包含了大量的缺失值，可能包含大量的噪音，也可能由于人工录入错误导致有数据异常点存在，非常不利于算法模型的训练。数据预处理的结果是对各种脏数据进行对应方式的处理，得到标准的、干净的、连续的数据，提供给数据统计、数据挖掘等使用。数据预处理的主要步骤分为数据清理、数据集成、数据规约、数据变换和数据互联。

（1）数据清理。数据清理也称为数据预处理，是指在进行数据分析前，对原始数据进行筛选、清洗、变换、聚合等操作以达到数据质量的提升和准确性的保证的过程。数据清理是数据分析工作中非常重要的一步，其主要目的是解决数据不完整、有误、不一致等问题，从而使得数据能够更好地用于后续的建模和分析过程。常见的数据清理方法如下：

1）缺失值处理。通过填充缺失值、删除缺失值等方式来处理数据缺失的情况。

2）异常值处理。通过删除异常值、替换异常值等方式来处理数据中存在的异常值。

3）重复值处理。通过删除重复值、合并重复值等方式来处理数据中出现的重复值。

4）数据转换。通过对数据进行归一化、标准化、离散化等方式来处理数据的特征。

5）格式化数据。对于数据集中不规范的格式，可以进行格式化处理，使得数据更加易读和易懂。

（2）数据集成。将来自不同数据源的数据进行合并和整合，形成一个统一的数据集，以便后续的分析和处理。在现实生活中，由于数据来源的异构性和数据格式的多样性，往往需要对不同来源的数据进行集成，才能满足特定的需求和分析目的。在大坝安全监测中，数据集成是确保监测数据准确性和完整性的重要步骤，其包括内容如下：

1）数据来源识别和收集。确定需要监测的大坝部位、监测指标及其监测频率，并采用合适的方式从各个监测设备中收集数据。

2）数据格式标准化。对于不同监测设备产生的数据，需要进行格式标准化处理，使其具有一致的数据结构和规范，便于后续处理和分析。

3）数据冲突解决。在数据集成过程中，可能会出现数据冲突的情况，例如不一致的监测值、漏报、误报等，需要进行冲突解决，保证数据的一致性和准确性。

4）数据转换和整合。对于不同监测指标的数据，可能需要进行数据转换和整合处理，以便更好地融合到整体监测数据集中。

5）数据清洗和去重。在数据集成之前，需要对原始数据进行清洗和去重，去除重复数据和无效数据，保证集成后的数据质量。

对于大坝安全监测项目，常见的数据集成方法如下：

数据库联接。通过使用 SQL 语言等数据库技术，将不同监测设备产生的数据进行联接操作，生成一个新的监测数据集。

文件合并。通过将不同监测设备产生的数据文件合并成一个整体文件，进行后续处理。

数据采集软件。使用专业的数据采集软件，对不同的监测设备进行数据采集和集成操作，生成一个新的监测数据集。

实时监控系统。借助实时监控系统，对不同监测设备采集的数据进行实时集成和分析，及时发现异常情况。

（3）数据规约。数据规约是指将大量数据中的冗余或不必要的信息去除，从而减少数据的大小并提高数据处理效率的过程，降低无效、错误数据对建模的影响，提高建模的准确性。少量且具代表性的数据将大幅缩减数据处理所需的时间，同时还可以降低存储数据的成本。数据规约实现方法主要如下：

1）抽样。从整个数据集中随机选取一个子集，用这个子集来代表整个数据集。

2）特征选择。从所有特征（即数据中的各种属性）中选择一部分最为重要的特征，舍弃其他无关紧要的特征。

3）特征提取。将原始的数据转换成新的特征表示形式，以便更好地表示数据，并且减少数据的维度。

4）聚类。将大量的数据按照相似性分成不同的群组，并把每个群组看作一个整体，这样就可以减少数据量。

（4）数据变换。数据变换是指将原始数据集中的数据进行某种方式的修改，以使得数据更易于处理或更适合特定的分析任务。

1）简单函数变换。简单函数变换是指对原始数据进行一些简单的数学变换，例如对数变换、指数变换、开方变换、倒数变换等。这些变换可以改变数据的分布形态，使其更接近正态分布或更均匀地分布。对数变换通常用于将右偏的数据转化为更接近正态分布的数据，例如在处理收入、价格、数量等数据时经常使用。指数变换则是将左偏数据转化为更接近正态分布的数据，例如在处理时间序列数据时经常使用。开方变换和倒数变换也可以用来改变数据的分布形态，但应谨慎选择合适的变换方法，以避免引入更多的噪音和误差。

简单函数变换常用于预处理数据，以便更好地应用统计分析、机器学习等算法。但需要注意的是，在进行任何数据变换之前，需要先了解数据的基本特征，并仔细探究各种变换的优缺点，以确保不会损失重要信息或引入不必要的误差。

2）规范化。规范化是指将原始数据转换为具有标准分布特征的数据，这样可以更好地处理和分析数据。通常情况下，规范化数据会将原始数据按照一定比例缩放，使得他们的取值范围被压缩到一个统一的区间内。这个区间通常是 [0，1] 或者 [−1，1]，具体取决于使用的规范化方法。

规范化数据有助于消除不同属性之间的量纲影响，使得他们在计算时具有相同的权重。同时，规范化数据也能够提高模型的收敛速度，避免梯度爆炸或梯度消失等问题。数据规范化的方法包括最小-最大规范化，零－均值规范化，小数定标规范法等。

最小-最大规范化又称离差标准化，是一种线性变换方法。通过对原始数据进行线性变换，将数据缩放到给定区间内（通常是 [0，1] 区间），其计算公式为

$$x' = \frac{x - x_{\min}}{\max(x) - \min(x)}$$

式中　x——原始数据；

　　　x'——归一化后的数据。

均值规范化也称为标准差标准化，是一种非线性变换方法。通过对原始数据进行平移和缩放，使得数据的均值为 0，方差为 1，其计算公式为

$$x' = \frac{x - \mathrm{mean}(x)}{\mathrm{std}(x)}$$

式中　$\mathrm{mean}(x)$——原始数据的均值；

　　　$\mathrm{std}(x)$——原始数据的标准差。

小数定标规范法是一种基于科学计数法的方法。通过对原始数据进行缩放，使得所有数据的绝对值都小于 1，其计算公式为

$$x' = \frac{x}{10^j}$$

式中　j——一个正整数，可以选取使得数据在缩放后的范围最大程度地利用计算机的精度。

这些方法都是将数据归一化或标准化，从而消除不同特征之间的量纲差异，使得样本在训练时更容易收敛并提高模型的准确性。具体选择哪种方法，需要根据实际问题和数据的特点来决定。

（5）数据互联。数据互联是指将多个不同来源、格式和结构的数据源连接起来，从而实现对这些数据的集成、共享和分析。数据互联可以帮助组织更好地理解其业务、客户和市场，并支持更准确、快速和智能的决策。数据互联的包括以下方法：

1）数据抽取、转换、加载（Extract，Transform，Load，ETL）。将各种来源的数据

提取出来，经过转换处理后再加载到目标系统中。

2）应用接口（Application Programming Interface，API）。通过 API 对外开放数据接口，使得不同软件应用之间可以进行数据交换。

3）数据仓库（Data Warehouse）。建立一个中央数据存储库，将来自不同系统的数据整合在一起，方便用户查询和分析。

4）数据湖（Data Lake）。建立一个大型的、中央化的数据存储库，允许多种类型的数据以原始形式存储，方便后续处理和分析。

5）消息队列（Message Queue）。通过消息队列传递数据，实现不同系统之间的数据交换。

4.2　大坝监测数据的有效性检验

4.2.1　监测数据真伪性分析

大坝监测效应量真值是在某一时刻和某一种环境状态下效应量本身体现出来的客观值或实际值，是一个理想的概念，一般是无法得到的。在实际监测中，以在没有系统误差的情况下足够多次测值的平均值作为约定真值来代替效应量真值。大坝监测效应量伪值是严重偏离和歪曲了效应量真值的数据，其主要是由疏失误差造成的。因监测效应量伪值是对相应真值的歪曲，在资料分析中应该加以鉴别并予以剔除。在判别伪值时要特别慎重，应做充分的分析和研究后，根据判别准则确定如果在同一时间内和相同条件下对某一效应量进行多次重复性监测，要判别其中的粗值（伪值）则可用拉依达准则（3σ 准则）格罗布斯基准则、肖维勒准则秋克逊准则、罗曼诺夫斯基准则等。

1. 拉依达准则

拉依达准则以测量次数充分大为前提，实际测量中常以贝赛尔公式算得的 S 代替 σ，以 $\overline{X}$ 代替真实值。对于某个可疑数据 X，若满足

$$|V| = |X - \overline{X}| > 3S$$

$$S = \sqrt{\dfrac{\sum_{i=1}^{n}(X_i - X)^2}{n-1}}$$

则 X 含有粗差，应予以剔除。

利用贝赛尔公式容易说明：在运用拉依达准则时，是假定测值不含系统误差且随机误差服从正态分布的，且在 $n \leqslant 10$ 时，用 3σ 准则剔除粗差是不可靠的。在监测数据采集过程中，重复测量次数通常在 10 次以内，故在监测数据粗差处理中不宜使用该准则。

2. 格拉布斯准则

格拉布斯准则适用于小样本情况。设重复测量的次数为 n，重复测量的测值为 $X_i(i = 1, 2, \cdots, n)$，检验 X_i 是否为异常值的格拉布斯准则如下：

（1）X_i 按升序排列成顺序统计量，即 $X_1 \leqslant X_2 \leqslant \cdots \leqslant X_n$。

（2）计算格拉布斯统计量，包括下侧格拉布斯数 $g(1)$ 以及上侧格拉布斯数 $g(n)$，

其计算公式为

$$g(1) = \frac{\overline{X} - X_1}{S}$$

$$g(n) = \frac{X_n - \overline{X}}{S}$$

式中　$\overline{X}$——n 次重复测量的监测数据算术平均值；

　　　S——n 次重复测量的监测数据标准差。

（3）显著性水平 α（一般取 0.05 或 0.01），由 α 和 n（n 为样本数）查表 4-1 得格拉布斯准则数 $T(n, \alpha)$。

（4）判断若 $g(1) \geqslant T(n, \alpha)$，则 X_1 为异常值，应予以剔除；若 $g(n) \geqslant T(n, \alpha)$，则 X_n 为异常值，应予以剔除。

（5）剔除异常值重复上述步骤，直到不存在异常值为止。

表 4-1　　　　　　　　　　　格拉布斯准则数 $T(n, \alpha)$

α	3	4	5	6	7	8	9	10
0.05	1.15	1.46	1.67	1.82	1.94	2.03	2.11	2.18
0.01	1.16	1.49	1.75	1.94	2.10	2.22	2.32	2.41
α	11	12	13	14	15	16	17	18
0.05	2.23	2.28	2.33	2.37	2.41	2.44	2.48	2.50
0.01	2.48	2.55	2.61	2.66	2.70	2.75	2.78	2.82
α	19	20	21	22	23	24	25	30
0.05	2.53	2.56	2.58	2.60	2.62	2.64	2.66	2.74
0.01	2.85	2.88	2.91	2.94	2.96	2.99	3.01	3.10

格拉布斯检验法在一组测值中只有一个异常值的情况下是最优的检验法。但在一组测值中有一个以上的异常值时，S_{n-1} 中包括了另一个异常值在内，使之变大，而比值 S_n / S_{n-1} 不一定大，使得一些异常值检验不出来，易犯"判多为少"或"判有为无"错误。

3. 肖维勒准则

肖维勒准则以正态分布为前提。假设多次重复测量得到 n 个监测数据，若数据残差满足

$$|V_i| = |X_i - \overline{X}| \geqslant Z_c S$$

式中　Z_c——肖维勒准则数；

　　　S——标准差；

　　　$\overline{X}$——算术平均值。

则为异常值，应剔除该数据。Z_c 与 n 的关系见表 4-2。

4. 狄克逊准则

判断粗大误差是从最大抽样值和最小抽样值入手进行的。一般认为，狄克逊准则适用于样本容量为 $3 \leqslant n < 30$ 的粗差剔除。设有一组多次重复测量的监测数据 X_1，X_2，…，X_n，按大小顺序排列为 $X_1 \leqslant X_2 \leqslant \cdots \leqslant X_n$，构建不同数据范围的极差比 γ，见表 4-3。

表 4－2　　　　　　　　　　　肖 维 勒 准 则 Z_c

n	3	4	5	6	7	8	9	10
Z_c	1.38	1.54	1.65	1.73	1.80	1.88	1.92	1.96
n	11	12	13	14	16	18	20	
Z_c	2.00	2.03	2.07	2.10	2.15	2.20	2.24	

表 4－3　　　　　　　　　　　不同范围的极差比 γ

n	γ_{ij}	检验 X_1	γ'_{ij}	检验 X_n
$3 \leqslant n \leqslant 7$	γ_{10}	$(X_2-X_1)/(X_n-X_1)$	γ'_{10}	$(X_n-X_{n-1})/(X_n-X_1)$
$8 \leqslant n \leqslant 10$	γ_{11}	$(X_2-X_1)/(X_{n-1}-X_1)$	γ'_{11}	$(X_n-X_{n-1})/(X_n-X_2)$
$11 \leqslant n \leqslant 13$	γ_{21}	$(X_2-X_1)/(X_{n-1}-X_1)$	γ'_{21}	$(X_n-X_{n-2})/(X_n-X_2)$
$14 \leqslant n \leqslant 30$	γ_{22}	$(X_3-X_1)/(X_{n-2}-X_1)$	γ'_{22}	$(X_n-X_{n-2})/(X_n-X_2)$

　　选定显著性水平 α，求得临界值 $D(\alpha, n)$，见表 4－4。若 $\gamma_{ij}>\gamma'_{ij}$、$\gamma_{ij}>D(\alpha, n)$ 则判断 X_1 为异常值，应予以剔除；若 $\gamma'_{ij}>\gamma_{ij}$、$\gamma'_{ij}>D(\alpha, n)$，则判断 X_n 为异常值，应予以剔除。然后以不包括被剔除样本值在内的新样本数据和样本容量重复以上方法，直到剔除所有的粗差为止。需注意的是，在剔除粗差的下一个重复过程中，切记要选取新的样本容量对应的狄克逊临界值 $D(\alpha, n)$ 以及狄克逊统计量公式。

表 4－4　　　　　　　　　　　狄克逊准则数 $D(\alpha, n)$

α	n												
	3	4	5	6	7	8	9	10	11	12	13	14	15
0.01	0.988	0.899	0.78	0.698	0.637	0.683	0.64	0.597	0.679	0.642	0.615	0.641	0.616
0.05	0.941	0.765	0.642	0.56	0.507	0.554	0.51	0.447	0.576	0.546	0.521	0.546	0.525

5. 罗曼诺夫斯基准则

　　首先剔除一个可疑的测值，然后按 t 分布检验被剔除的值是否含有粗大误差将可疑测值 x_d 以外的其余测值当做一个总体，假定该总体服从正态分布，由这些测值计算平均值 $\overline{x}$ 与标准差 S。同时，将可疑值 x_d 当做样本容量为 1 的特殊总体。如果 x_d 与其余测值同属于一个总体，则该值与其余测值之间不应有显著性差异，由 x_d 计算的统计量值为

$$k = \frac{x_d - \overline{x}}{S}$$

其中

$$\overline{x} = \frac{1}{n-1}\sum_{i=1, i \neq d}^{n-1} x_i$$

$$S = \sqrt{\frac{1}{n-2}\sum_{i=1, i \neq d}^{n-1}(x_i - \overline{x})^2}$$

式中　$\overline{x}$——不包括 x_d 在内的均值；

　　　S——不包括 x_d 在内的标准差。

　　根据测量次数 n 和选取的显著性水平 α，可由 t 检验系数表查得 t 检验法的临界值 $k(n, \alpha)$。若

$$|V_d| = |x_d - x| > kS$$

则认为测值 x_d 含有粗大误差，应予以剔除。值得注意的是，由于 x_d 不参与检验统计量中 $\overline{x}$ 与 S 的计算，因此计算出的 S 变小，而计算出的 x_d 与 x 值之差变大，从而使计算出的统计量值 k 变大，有可能将一些正常测值误判为异常值。实际应用时应选择较小的显著性水平。

6. 数学型法

监测效应量测值系列一般很长，他们是在不同的时间段即不同的监测条件下获得的监测值，测值跨越的期间各类环境因素在不断地变化，因此判断其中粗差（伪值）有时不能简单套用上述准则。此时，判断效应量粗值（伪值）常用的方法是根据效应量和环境量监测值建立相应的数学模型来拟合监测效应量，即通过数学模型将效应量测值系列 y_i（$i=1$，2，$\cdots$，n）表示为

$$y_i = f(x_{1i}, x_{2i}, \cdots, x_{mi}) + \varepsilon_i$$

或写为

$$\hat{y}_i = f(x_{1i}, x_{2i}, \cdots, x_{mi})$$

式中 y_i——监测效应量测值系列 $i=1,2,\cdots,n$；

$\hat{y}_i$——监测效应量数学模型拟合值系列，$i=1,2,\cdots,n$；

x_{ij}——环境影响量系列，$i=1,2,\cdots,m$；$j=1,2,\cdots,n$；

ε_i——$y_i - \hat{y}_i$ 的差值系列，称作残差系列 $i=1,2,\cdots,n$，其服从正态分 $N(0, \sigma^2)$ 的随机序列，σ^2 为残差的方差。

4.2.2 监测数据差异性检验

大坝上布置了较多的监测仪器，随之带来的问题是，如何评价同一监测效应量在不同监测手段下的实测数据差异性。对于同一监测效应量，在采用不同的方法监测时，如果其各自的分布规律相似，监测标准差和系列均值无明显性差别，而且不同方法所得的效应量间有较显著的相关性，则可以认为不同监测方法的实测数据均可用于分析监测效应量的变化规律，且得到的最终结论相同。

下面以人工监测和自动化监测为例，分析如何评价同一效应量的变化规律。令人工监测资料系列为 Y_1，即 $y_{1i}(i=1,2,\cdots,n_1)$；n_1 为子样个数，其对应的均值为 $\overline{y}_1$、标准差为 s_1、自由度为 f_1；自动化监测资料系列为 Y_2，即 $y_{2i}(i=1,2,\cdots,n_2)$；n_2 为子样个数，其对应的均值为 $\overline{y}_2$、标准差为 s_2、自由度为 f_2。

1. Y_1 和 Y_2 两个系列标准差 s_1、s_2 差异性检验

假设人工监测资料系列与自动化监测资料系列无显著性差异，则有 $H: s_1 = s_2$。然后对上面的假定 H 进行 F 检验，作统计量 F

$$F = \frac{s_1^2}{s_2^2}（若 s_1 > s_2，则以 s_1 作为分母）$$

F 是一个随机变量，其概率分布为

$$P(F > F_a) = \int_{F_a}^{\infty} \frac{\Gamma\left(\frac{f_1 + f_2}{2}\right)}{\Gamma\left(\frac{f_1}{2}\right) \cdot \Gamma\left(\frac{f_2}{2}\right)} \left(\frac{f_1}{f_2}\right)^{\frac{f_1}{2}} \frac{F^{\frac{f_1-2}{2}}}{\left(1 + \frac{f_1 F}{f_2}\right)^{\frac{f_1+f_2}{2}}} \mathrm{d}F = \alpha \tag{4-1}$$

式中　$\Gamma(x)$——伽玛函数；

　　　f_1、f_2——对应 Y_1、Y_2 的自由度；

　　　　α——显著性水平。

利用式（4-1）可求得 F_a。若 $F > F_a$，则原来的假定不成立，即在显著性水平 α 条件下，s_1 与 s_2 有显著性的差别，也就是人工监测资料系列与自动化监测资料分布差别显著。若 $F \leqslant F_a$，则接受假定 H，即在显著性水平 α 条件下，s_1 与 s_2 无显著性的差别，也就是人工监测资料系列与自动化监测资料系列分布相似。

下面讨论 $F \leqslant F_a$ 的情况，即人工监测资料系列 Y_1 和自动化监测资料系列 Y_2 两者的标准差可近似看作相等的情况。在这种情况下，讨论两个系列的均值 $\overline{y}_1$ 和 $\overline{y}_2$ 的差异。

2.Y_1 和 Y_2 两个系列的均值 $\overline{y}_1$ 和 $\overline{y}_2$ 的差异性检验

假设人工监测资料系列 Y_1 和自动化监测资料 Y_2 的均值 $\overline{y}_1$、$\overline{y}_2$ 相等，即假定 H：$\overline{y}_1 = \overline{y}_2$，并且从 Y_1 和 Y_2 中抽出的两个子样的均值 ξ_1 和 ξ_2 分别为正态分布 $N\left(\overline{y}_1, s_1/\sqrt{n_1}\right)$ 和 $N\left(\overline{y}_2, s_2/\sqrt{n_2}\right)$，其子样的方差分别为 s_{11}^2、s_{22}^2，其对应的自由度分别为 f_{11} 和 f_{22}，则根据统计数学中的方差分布加法定理可得到，Y_1 和 Y_2 的共同的方差估计值 s^2 为

$$s^2 = \frac{f_{11} s_{11}^2 + f_{22} s_{22}^2}{f_{11} + f_{22}}$$

即

$$s = \sqrt{\frac{f_{11} s_{11}^2 + f_{22} s_{22}^2}{f_{11} + f_{22}}}$$

由于人工监测资料大部分为小子样，因而一般采用 t 检验，其统计量 t 为

$$t = \frac{(\xi_1 - \xi_2) - E(\xi_1 - \xi_2)}{s}$$

式中　$E(\xi_1 - \xi_2)$ —— $(\xi_1 - \xi_2)$ 的数学期望。

若假定 $\xi_1 = \xi_2$，则有 $E(\xi_1 - \xi_2) = 0$，上式变为

$$t = \frac{\xi_1 - \xi_2}{s} \tag{4-2}$$

式中　t——随机变量，可用式（4-2）的概率分布计算在显著性水平 α 下的 t 的起码值 t。

t 的概率分布计算公式为

$$P(|t| > t_a) = 2\int_{t_a}^{\infty} \frac{\Gamma\left(\frac{f+1}{2}\right)}{\sqrt{f\pi}\,\Gamma\left(\frac{t}{2}\right)\left(1 + \frac{t^2}{f}\right)} \mathrm{d}t \tag{4-3}$$

式中　$\Gamma(x)$ ——伽玛函数。

若 $|t| > t_a$，则说明 H 的假定不成立，即 $\overline{y}_1$ 和 $\overline{y}_2$ 有显著不同，也就是在同一时段

人工监测数据均值与自动化监测的数据均值有显著的差别。

若 $|t| > t_a$，则说明 H 的假定成立，即 $\overline{y_1}$ 和 $\overline{y_2}$ 无显著差别，也就是在同一时段人工监测的数据均值与自动化监测的数据均值无显著差别。

4.2.3 监测数据相关性检验

对某一监测项目，不同的监测方法，由于监测的精度不同，因而可能会影响到监测的成果。但是采用不同的监测手段，其反映出来的监测效应量的变化规律应相似，即不同的监测方法所得到的监测成果应有较强的相关性，只有这样，才能利用不同方法的监测成果评价效应量的变化规律。下面讨论如何评价不同监测方法所得成果的相关性。

事实上，要评价 Y_1 和 Y_2 两个系列之间的相关性，主要研究 Y_1 和 Y_2 之间的线性相关的密切程度，也就是 Y_1 和 Y_2 之间的简单相关系数。如果 Y_1 和 Y_2 间的线性相关越密切，则两者的同步性及相似性越好。设 Y_2 中对应 Y_1 的资料系列为 y_{2t}（$t = 1, 2, \cdots, n_1$；其中 n_1 为子样个数）。

定义 U 为 Y_2 与 $\overline{y_1}$ 与之间的差值平方和，S_{yy} 为 Y_1 与 $\overline{y_1}$ 之间的差值平方和，则

$$U = \sum_{t=1}^{n} (y_{2t} - \overline{y_1})^2 \tag{4-4}$$

$$S_{yy} = \sum_{t=1}^{n_1} (y_{1t} - \overline{y_1})^2 \tag{4-5}$$

设 Y_1 和 Y_2 呈线性相关密切程度的相关系数 R 为

$$R = \sqrt{\frac{U}{S_{yy}}}$$

由上述分析可知，如果 Y_1 和 Y_2 的平均值无显著差别，即 $\overline{y_1}$ 可近似看成 $\overline{y_2}$，并且 Y_2 为 Y_1 符合最小二乘的系列，则可得到下列结论。

令

$$S_{Y_1 Y_2} = \sum_{t=1}^{n_1} (y_{1t} - \overline{y_1})(y_{2t} - \overline{y_2})$$

因 $\overline{y_1}$ 可近似看成 $\overline{y_2}$，则

$$S_{Y_1 Y_2} = \sum_{t=1}^{n_1} (y_{1t} - \overline{y_1})(y_{2t} - \overline{y_2}) = \sum_{t=1}^{n_1} (y_{1t} - y_{2t} + y_{2t} - \overline{y_1})(y_{2t} - \overline{y_1})$$

$$= \sum_{t=1}^{n_1} [(y_{1t} - y_{2t})(y_{2t} - \overline{y_1}) + (y_{2t} - \overline{y_1})^2]$$

因为 Y_2 为 Y_1 符合最小二乘的系列，所以

$$\sum_{t=1}^{n_1} (y_{1t} - y_{2t})(y_{2t} - \overline{y_1}) = 0$$

则

$$S_{Y_1 Y_2} = \sum_{i=1}^{n_1} (y_{2t} - \overline{y_1})^2 = \sum_{i=1}^{n_1} (y_{2t} - \overline{y_2})^2 = U$$

则

$$R = \sqrt{\frac{U}{S_{yy}}}$$

$$= \frac{\sqrt{\sum_{t=1}^{n_1} (y_{2t} - \overline{y}_1)^2} \sqrt{\sum_{t=1}^{n_1} (y_{2t} - \overline{y}_2)^2}}{\sqrt{\sum_{t=1}^{n_1} (y_{1t} - \overline{y}_1)^2} \sqrt{\sum_{t=1}^{n_1} (y_{2t} - \overline{y}_2)^2}}$$

$$= \frac{S_{Y_1 Y_2}}{\sqrt{\sum_{t=1}^{n_1} (y_{1t} - \overline{y}_1)^2} \sqrt{\sum_{t=1}^{n_1} (y_{2t} - \overline{y}_2)^2}}$$

$$= \frac{\sum_{t=1}^{n_1} (y_{1t} - \overline{y}_1)(y_{2t} - \overline{y}_2)}{\sqrt{\sum_{t=1}^{n_1} (y_{1t} - \overline{y}_1)^2} \sqrt{\sum_{t=1}^{n_1} (y_{2t} - \overline{y}_2)^2}} \tag{4-6}$$

由以上分析可知：如果 Y_2 为 Y_1 符合最小二乘系列，且 Y_1 和 Y_2 的均值无显著性差别，则可用 Y_1 和 Y_2 之间的简单相关系数来评价两者的相关性。下面分析两个系列相关性检验方法。

设 U 对应的自由度为 f_U，s^2 对应自由度为 f_s，则可利用式（4-6），通过 F 检验法来检验 R 的显著性，令

$$F = \frac{U/f_U}{s^2/f_s} = \frac{R^2/f_U}{(1-R^2)/f_s} \tag{4-7}$$

利用式（4-7）可求 F，此外，在一定的显著性水平 α 下根据 f_U、f_s 可求得 F 的起码值 F_α。若 $F \geqslant F_\alpha$，则说明 R 显著，也就是 Y_1 和 Y_2 系列之间相关性较好，两者的变化规律相似。若 $F < F_\alpha$，则说明 R 不显著，也就是 Y_1 和 Y_2 系列之间相关性较差，两者的变化规律不相似。

4.2.4　监测数据可靠性检验

由于来自观测人员、仪器设备和各种外界条件（如大气折射影响）等原因，各种效应量的原始观测值不可避免地存在着误差。因此，在监测资料整编分析过程中，首先应对原始观测资料进行可靠性检验和误差分析，以评判原始观测资料的可靠性，分析误差的大小、来源和类型，以采取合理的方法对其进行处理和修正。可靠性检验的主要内容是采用逻辑分析方法，进行如下 4 个方面的检验工作。

1. 作业方法检验

作业方法检验主要是检验测量的方法是否符合规定。在测量中，由于观测者的习惯，误以目标偏于某一侧为恰好照准，因而使观测成果带有系统误差。又如风向、风力、温度、湿度、大气折射、地球弯曲等外界因素，也都可能引起系统误差。系统误差对观测结果的影响一般具有累积性，其对成果质量的影响也特别显著。所以在测量结果中，应尽量消除或减弱系统误差对观测成果的影响。为达到这一目的，通常采取措施如下：

（1）找出系统误差出现的规律并设法求出其数值，然后对观测结果进行改正。例如尺长改正、经纬仪测微器行差改正、折光差改正等。

（2）改进仪器结构并制订有效的观测方法和操作程序，使系统误差按数值接近、符号相反的规律交错出现，从而在观测结果的综合中实现较好的抵消。例如，经纬仪按度盘的两个相对位置读数的装置，测角时纵转望远镜的操作方法，水准测量中前后视尽量等距的设站要求以及高精度水平角测量中日、夜的测回数各为一半的时间规定等。

（3）通过数学模型进行判别，通常的处理方法是找出系统误差的函数关系，然后在观测结果中加以扣除。从测量结果中，完全消除系统误差是不可能的，实际上只能尽量使他们的影响减少到最低限度。

2. 观测仪器性能检验

众所周知，用带有一定误差的尺子量距时，会使结果带有系统误差。因此，观测仪器性能检验主要是看观测仪器的性能是否稳定、正常。以目前经常采用的振弦式传感器和差动电阻式仪器为例，叙述观测仪器性能的检验方法。

由于振弦式传感器埋设在建筑物内，本身又是密封的，不可能打开来检查，其保养和故障排除仅限于周期性的检查电缆连接和清理电缆头。当用万用表检测线路时，即检查线圈电阻，正常情况下线圈电阻是 $190\Omega \pm 5\Omega$，再加上电缆的电阻（电缆电阻约 $8\Omega/100m$）。若电阻太高或无穷大，则为断路；如果电阻太低或接近 0，则为短路或地气故障；如果电阻在正常范围内，而没有读数，则一般为传感器故障。电缆故障均可利用通信电缆故障检测仪大致测量出故障点位置。

对于差动电阻式仪器，可采用水工比例电桥测量仪器的电阻值及电阻比值。正常情况下电阻值一般应为实测 0℃电阻值（卡片上读数）与由于温度变化引起的电阻值变化量之和（不计电缆电阻时，在 $30\sim35\Omega$ 之间），电阻比范围应在 $9500\sim10500$ 之间。如果电阻太高或无穷大，则为断路；如果电阻太低或接近 0，则为短路或地气故障；如果电阻在正常范围内，而没有读数，则一般为传感器故障。电缆故障均可利用通信电缆故障检测仪大致测量出故障点位置。

3. 测量数据检验

测量数据检验主要是检验各项测量数据物理意义是否合理，是否超过实际物理限值和仪器限值，检验结果是否在允许范围以内。

观测误差是客观存在、不可避免的。产生误差的原因有属于观测者方面的因素，有属于测量的仪器和工具方面的因素，也有外界条件的影响，如温度、湿度、大气折光等，这三方面综合起来即为观测条件。在同样的观测条件下所进行的观测称为等精度观测。

通过计算观测值与真值之差，即真误差，可判断测值系列的可靠性。真误差平方的算术平均值的平方根为一列观测值的标准偏差或标准误差，习惯上常称为观测中误差。对于等精度观测序列，可以用全序列观测值的标准偏差来衡量其观测精度。但是，由于观测值的真误差一般是未知的，为此，通常用观测值的残差代替真误差。编制相应的误差分析程序，对典型观测资料进行误差分析，并以此评价各监测量的精度和可靠性。观测中误差的计算公式为

$$\sigma = \pm \sqrt{\frac{\sum_{i=1}^{n} \delta_i^2}{n}} \tag{4-8}$$

式中　　δ_i——实测值的真误差，mm；

　　　　n——测值个数。

对于一列测值 $\{x_i\}$，被测量的最或然值（最接近于真值的量）就是这列观测值的算术平均值 $\overline{x}$，则有残差

$$v_i = x_i - \overline{x} \tag{4-9}$$

由式（4-8）、式（4-9）得到测值序列 $\{x_i\}$ 用残差表示的标准偏差（即观测中误差）公式为

$$\sigma = \pm \sqrt{\frac{[v_i^2]}{n}}$$

其中 $i=1,2,\cdots,n$；$[\ ]$ 表示求和。

可根据现场检测、测值历史过程线以及中误差的计算成果，并综合观测仪器的精度、仪器量程、相应的监测技术规范、仪器的厂家资料以及同类仪器对比，从而确定相应的可靠性评价标准。

此外，差动电阻式仪器的可靠性分析方法除了上述观测中误差外，还可综合分析仪器正反测电阻比误差。根据规范要求，用水工比例电桥测量仪器电阻比时，对芯线、仪器可正测电阻比 z 和反测电阻比 z'，然后由正测电阻比 z 和反测电阻比 z' 之和为 $20000 + A^2 \pm 2$ 评价测值的可靠性，其中 $A = (10000 - z)/100$，即按表 4-5 评价观测项目的可靠性。

表 4-5　　　　　　　　　　　　差动电阻式仪器电阻比误差控制表

z 或 z' 测值	$z + z'$ 的误差限值	z 或 z' 测值	$z + z'$ 的误差限值
9600	20016 ± 2	10100	20001 ± 2
9700	20009 ± 2	10200	20004 ± 2
9800	20004 ± 2	10300	20009 ± 2
9900	20001 ± 2	10400	20016 ± 2
10000	20000 ± 2		

4. 一致性、相关性、连续性和对称性检验

该方法即对测值序列的一致性、相关性、连续性进行检验。连续性是指在荷载环境和其他外界条件未发生突变的情况下，各种观测资料亦应连续变化，不产生跳动。一致性是指从时间概念出发来分析连续积累的资料在变化趋势上是否具有一致性，即分析：

（1）任一点本次测值与前一次或前几次连续观测值的变化关系。

（2）本次测值与某相应原因量之间关系和前几次情况是否一致。

（3）本次测值与前一次测值的差值是否与原因量变化相适应。

一致性和连续性分析的主要手段是绘制时间与效应量的过程线以及时间与原因量的过程，以及原因量与效应量的相关图。相关性是从空间概念出发来检查一些有内在物理意义联系的效应量之间的相关关系，即分析原始测值变化与建筑物及基础的特点是否相适应。

4.2.5 监测野值诊断与处理

在监测数据系列中，由于各种因素的综合影响或作用，常常会出现一个或多个严重偏离目标真值的测值，在工程数据处理领域中通常称这部分异常数据为野值。为了有效检测观测数据质量和诊断野值，可对数据进行融合处理，借助现代计算机技术，自动对来自多信源或单信源的数据呈报进行联合、变换、相关和合成，从中发现野值，提取高质量数据，为分析、决策提供可靠依据。

4.2.5.1 野值的成因分析

大坝原型观测数据中产生野值的原因主要如下：

（1）观测者因素。如在大坝安全监测中记录过失、数据复制和计算处理时所出现的过失性错误，一般是由观测人员过失引起，包括：读数和记录的错误；将数据输入计算机时数据录入错误；将仪器编号弄错所引起的错误等。这些野值往往在数据上反映出很大的异常，甚至与物理意义明显相悖，在资料整编过程中较容易发现。如遇到这种误差时，可直接将其剔除或纠正。

（2）不易控制的相互独立的偶然因素。如大坝安全监测仪器出现故障等，包括：电缆端部不清洁；二次仪表未归零；观测接线时接头拧的松紧不一等。这种野值是随机的，客观上难以避免，整体上服从正态分布，可采用常规的数理统计理论分析处理。

（3）采集环境的变化。该类型包括两种情况：

1）取样母体的突然改变使得部分数据与原先样本的模型不符合。如环境因素的明显变化（如库水位骤升、骤降等）、坝体结构或地基条件的明显改变（如坝体裂缝开展、坝基条件变化等）等原因引起的观测值奇异波动。尽管离群测值明显偏大或偏小，但他们不应被判为异常测值，而应视为效应量成因变化引起的正常测值，或带有大坝安全性态变化信息的需要专门研究的特殊测值，该种类型的异常测值不属于野值。

2）由测量条件中各种随机因素影响而产生的误差，称为随机误差。例如，用经纬仪测角时，测角误差主要是由照准、读数等所引起，而每项误差又是由许多随机因素所致。其中的照准误差就可能是由于采集环境的变化，如脚架或觇标晃动及扭转，风力风向变化，目标背景、大气折光与大气透明度等的影响，而上述任何一种影响又是产生于许多随机因素。在一切测量中，随机误差是不可避免的。经典最小二乘平差就是在认为观测值仅含有偶然误差的情况下，调整误差，消除矛盾，求出最或然值，并进行精度评定。随着观测次数的增加，一般认为随机误差呈正态分布，具有零均值。

4.2.5.2 野值分类

大坝原型观测数据中出现的野值比较常见的有以下几种类型，如图4-3所示。

1. 孤立型野值

孤立型野值是指在数据集中只有一个数值与其他数值显著地不同，而且该数值与其他数值之间的距离要比任何两个数据点之间的距离都大。孤立型野值有以下特点：①与其他数值相比，它距离其他数值很远；②其是唯一一个远离其他数据点的数据点；③其通常是错误数据或者异常情况下的结果；④其对于数据分析和模型建立会产生极大的影响，因为可能会导致整个模型失真。

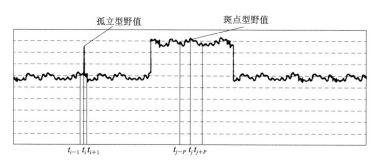

图 4 - 3　野值分类示意图

2. 斑点型野值

斑点型野值是指在数据中出现的离群点呈现出聚集成斑点状的特征。具体来说，斑点型野值通常以一组连续的数据点出现，而这些数据点与数据分布的其他部分相比存在显著差异。斑点型野值的特点如下：

（1）聚集性。斑点型野值通常以聚集的形式出现，因此可能会对数据整体产生较大的影响。

（2）局部性。斑点型野值主要影响其周围的数据点，而对于数据集的其他部分影响较小。

（3）非随机性。斑点型野值通常不是由随机因素引起的，而是由某些特定的原因所导致的异常情况。

（4）可追溯性。由于斑点型野值的非随机性，它们往往可以被追溯到某些特定的因素或事件，这使得他们更容易被理解和处理。

4.2.5.3　野值诊断方法

为较准确地预警大坝坝体与坝基系统的安全，首先需对监测或检测信息进行野值诊断其方法有过程线法、统计分析法等。

1. 过程线法

绘制出监测数据的过程线，通过与历史数据或相邻的观测数据比较，从而较为直观地判断出野值点。该方法较为简单，应用较多。

过程线法首先可通过与历史的或相邻的观测数据相比较，或通过所测数据的物理意义判断数据的合理性。另外主要是通过绘制观测数据过程线或监控模型拟合曲线，以确定粗差点。

2. 统计分析法

目前主要采用基于最小二乘理论的分析方法对大坝安全监测数据进行粗差判别和处理，较常用的方法有数据探测法和稳健估计法两类。数据探测法是一种用以发现和突出小粗差的粗差监测统计方法，莱因达准则是数据探测法中最常用的一种粗差检验方法，将残差超过 3 倍中误差的观测值判定为粗差加以剔除。目前在大坝安全监测中，利用各种监测指标判别粗差，都是基于此准则而进行的。由测量平差理论可知，残差的大小并不能充分反映相应观测粗差的大小，在多维粗差存在的情况下，每一个残差都受其他观测粗差的影响，受影响程度的大小取决于多余观测分量以及观测值权的分配。因此莱因达准则仍然无法摆脱数据探测法的局限性，一般只适合于探测单个粗差，当观测值中存在多维粗差且相互作用显著时，粗差探测难以获得良好的效果。

数据探测法的基本思想是假定平差系统只存在一个粗差观测值，并将该粗差纳入函数模型，用统计假设检验方法检测粗差并剔除粗差。剔除含有粗差的观测值后，建立新的平差系统，若仍存在粗差，再假定只存在一个粗差，逐次不断进行，直至判断不再含有粗差。数据探测法对于探测单个粗差的研究已经较为成熟，但该方法用于多维粗差的探测时往往会出现遮蔽现象，目前关于这个问题的研究较少。对于自动化观测所获得的大量观测数据，数据探测法需要经过多次重复剔除单个粗差以及传统平差的过程，既费工时，又难以保证数据的一致。

巴尔达的数据探测法对观测值中只存在一个粗差时有效，稳健估计法（M估计、R估计、L估计）具有抵抗多个粗差影响的优点。除了数据探测法和稳健估计法外，粗差处理还常用统计量检验法，如格拉布斯准则、狄克逊准则、肖维勒准则、t检验准则、F检验准则等。此外，Kalman等提出了一种递推式滤波方法，已成功应用于航天、工业自动化等领域。於宗俦从最小二乘平差中残差和真误差的理论关系式出发，用特定方法估计粗差观测值个数不多于观测时的粗差测值，研究了一种同时定位与定值多维粗差的方法。欧吉坤从观测值的真误差入手，借鉴拟稳平差思想，通过附加拟准观测的真误差范数极小的条件，求解关于真误差的秩亏方程组，推导了粗差的拟准检定法，可以同时检测出监测网中的粗差和异常变形，但该方法将粗差和异常变形等同对待，无法将它们区分开来。李朝奎等通过建立样本与F集的隶属度函数处理粗差。徐洪钟等将小波分析应用到大坝观测数据粗差探测中，把大坝观测序列看作由不同频率成分组成的数字信号序列，把粗差看作信号的奇异点，采用小波分析的信号奇异性理论进行粗差探测。史玉峰等基于信息论，用信息熵原理通过对观测数据求置信区间进行测量数据的粗差识别。

在大坝安全监测中，上述的粗差处理方法，都存在着难以把粗差或异常值准确区分的不足，给安全监控的分析和综合评判带来困难。可采用如下方法识别粗差。

1. 残差分析

残差分析是一种用于评估统计模型拟合优度的方法，其通过比较实际观测值和预测值之间的差异来检查模型是否能够有效地解释数据。在残差分析中，需对每个观测值计算出一个残差，即实际观测值与模型预测值之间的差异。

如果模型能够很好地解释数据，那么残差应该呈随机分布，并且没有任何可辨别的模式。例如，如果建立一个回归模型来预测销售量，而残差显示出某些数据点的误差较大，这可能意味着模型存在缺陷或者数据本身存在异常值或离群点。

常见的残差图形包括散点图、直方图、QQ图等。通过观察残差图形，可以判断模型是否具有良好的拟合性质，以及哪些部分需要进一步改进。残差分析是统计学和数据分析中非常重要的工具之一，有助于验证模型的假设，并确定如何改进模型以提高其预测准确率。

设监测序列 $\{y_i \mid i=1,2,\cdots,n\}$ 中第 i 个点的残差 e_i 和标准残差 d_i 分别为

$$e_i = y_i - \hat{y}_i$$
$$d_i = e_i/\sigma_i, (i=1,2,\cdots,n)$$

式中　　$\hat{y}_i$ ——监测序列的预测值，mm；

　　　　e_i ——监测序列的均方差，mm。

以预测值 $\hat{y}_i$ 为横坐标，以标准残差 d_i 为纵坐标的散点图做残差图（图 4-4）。通过残差图可以揭示出三种常见的偏离 [图 4-4（a）～图 4-4（c）] 此外图 4-4（d）的线性趋势表明计算有误。

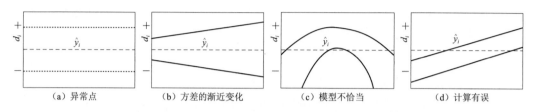

$$（a）异常点　　　　（b）方差的渐近变化　　　　（c）模型不恰当　　　　（d）计算有误$$

图 4-4　四种基本残差图

野值诊断就是剔除数据系列中个别残差的绝对值比所有其他的大很多的点。所用的检验方法是：若 $|d_i| > c$，则将其剔除，其中 c 计算公式为

$$\frac{1}{\sqrt{2\pi}} \int_{-\infty}^{c} e^{-u^2/2} du = \frac{1}{2}\left(1 + \sqrt[n]{1+c}\right) \tag{4-10}$$

对于 $n \geqslant 20$ 时，c 可取 3.0。

2. 随机模糊诊断

观测数据受多种因素影响，个别数据具有较大离散性。为了提高参数估计可靠性，对野值用如下检验方法加以识别。

取论域 $U = \{x_1, x_2, \cdots, x_n\}$ 上的一个 F 子集 A，x_i 为 A 中的一个 R-F 变量，其隶属度函数为

$$\mu_A(x_i) = \mu_i = \exp[-D_{i_1}(x_i)]$$

其中　　　　　　　　　　　$D_{i_1}(x_i) = x_i^2 w_i$

式中　　$D_{i_1}(x_i)$ ——关于 F 子集 A 的核点 A^0 的马氏距离；

　　　　w_i ——权重因子。

R-F 的概率分布密度模型公式为

$$p_i = -\lambda_1 \exp[-(1+\lambda_0) - \lambda_1 \mu_i] \tag{4-11}$$

其中　　　　　　　　　$\lambda_0 = \ln \sum_{i=1}^{n} \exp(-\lambda_1 \mu_i) - 1$

$$\sum_{i=1}^{n} (a - \mu_i) \exp(-\lambda_1 \mu_i) = 0$$

给定检验置信因子 β，则有 R-F 分布函数，即

$$F(\mu_\beta) = \int_{-\infty}^{\mu_\beta} f(\mu) d\mu = \beta$$

其中　　　　　　$f(\mu) = -\lambda_1 k \exp[-(1+\lambda_0) - \lambda_1 \mu]$

式中　　μ_β ——检验阈值。

系数 k 的目的是为了容纳：隶属度函数的模型误差；权重因子的取值误差；观测值中

非随机因素造成的影响等因素质。对于 k 应当满足下式，即

$$\int_{-\infty}^{+\infty} f(\mu) \mathrm{d}\mu = 1$$

若存在 x_j，其隶属度为 μ_j，且 $|\mu_j| < |\mu_\beta|$，则认为该观测数据具有显著的离群特征，为野值，应加以剔除。

3. 灰色系统动态检验

（1）灰色系统模型 $GM(n, h)$。$GM(n, h)$ 表示对 h 个因子用 n 阶微分方程建立的模型。考虑 h 个 N 维监测数据序列，即

$$\{X_k^{(0)}(i) | k=1,2,\cdots,h; i=1,2,\cdots,N\}$$

其相应的 1 阶累加（$1-AGO$）序列为

$$\{X_k^{(1)}(i) | k=1,2,\cdots,h; i=1,2,\cdots,N\}$$

$$X_k^{(1)}(i) = \sum_{s=1}^{i} X_k^{(0)}(s)$$

式中　$X_k^{(1)}(i)$——监测数据序列的 1 阶累加值，上标（1）表示 1 阶累加；

$\qquad X_k^{(0)}(s)$——监测数据原值，上标（0）表示原始序列；

$\qquad h$——不同的监测量个数；

$\qquad N$——监测资料序列维数。

其相应的多次累差（$IAGO$）序列为

$$\{a^{(j)}(X_k,i) | k=1,2,\cdots,h; \quad i=1,2,\cdots,N; \quad j=1,2,\cdots,l\}$$

$$a^{(1)}(X_k,i) = X_k^{(0)}(i)$$

$$a^{(2)}(X_k,i) = X_k^{(0)}(i) - X_k^{(0)}(i-1)$$

$$a^{(j)}(X_k,i) = a^{(j-1)}(X_k,i) - a^{(j-1)}(X_k,i-1)$$

式中　$a^{(j)}(X_k, i)$——监测数据序列的 j 阶累差值，上标（j）表示 j 阶累差；

$\qquad l$——累差阶数。

则其 $GM(n, h)$ 模型为

$$\sum_{i=0}^{n} \alpha_i \frac{d^{n-i} X_1^{(1)}}{dt^{n-i}} = \sum_{j=1}^{h-1} \beta_j X_{j+1}^{(1)} \qquad (4-12)$$

$$X_1^{(0)}(0) = X_1^{(1)}(1) \qquad (4-13)$$

$$X_k^{(1)}(i) = \sum_{s=1}^{i} X_k^{(0)}(s), \quad (i=1,2,\cdots,N; \quad k=1,2,\cdots,h) \qquad (4-14)$$

式中　α_i、β_j——模型待定参数，$\alpha_0=1$；

$\qquad n$——微分方程阶数；

$\qquad h$——因子数。

对式（4-12）进行差分表示，即

$$\sum_{i=0}^{n} \alpha_i \frac{\Delta^{n-i} X_1^{(1)}}{\Delta t^{n-i}} = \sum_{j=1}^{h-1} \beta_j X_{j+1}^{(1)}$$

由于监测数据序列均为非负时间序列，所以可令 $\Delta t^{n-i} = t_{i+1} - t_i = 1$，从而有

$$\sum_{i=0}^{n} \alpha_i \Delta^{(n-1)} X_i^{(1)} = \sum_{j=1}^{h-1} \beta_j X_{j+1}^{(1)}$$

由于 $\Delta^{n-i}X_i^{(1)}=a^{(n-i)}[X_i^{(1)},k]$，所以可得

$$\sum_{i=0}^{n}\alpha_i a^{n-i}[X_i^{(1)},k]=\sum_{j=1}^{h-1}\beta_j X_{j+1}^{(1)}(k)$$

写成矩阵形式，可得

$$Y_N=A\begin{bmatrix}\alpha_1\\\alpha_2\\\vdots\\\alpha_{n-1}\end{bmatrix}+B\begin{bmatrix}\beta_1\\\beta_2\\\vdots\\\beta_{h-1}\end{bmatrix}\qquad(4-15)$$

其中 $Y_N=[a^n[X_1^{(1)},2],\ a^n[X_1^{(1)},3],\ \cdots,\ a^n[X_1^{(1)},N]]^T$

$$A=\begin{bmatrix}a^{(n-1)}[X_1^{(1)},2]&a^{(n-2)}[X_1^{(1)},2]&\ldots&a^{(1)}[X_1^{(1)},2]\\a^{(n-1)}[X_1^{(1)},3]&a^{(n-2)}[X_1^{(1)},3]&\cdots&a^{(1)}[X_1^{(1)},3]\\\vdots&\vdots&\vdots&\vdots\\a^{(n-1)}[X_1^{(1)},N]&a^{(n-2)}[X_1^{(1)},N]&\cdots&a^{(1)}[X_1^{(1)},N]\end{bmatrix}$$

$$B=\begin{bmatrix}-a^{(0)}[X_1^{(1)},2]&X_2^{(1)}(2)&\cdots&X_h^{(1)}(2)\\-a^{(0)}[X_1^{(1)},3]&X_2^{(1)}(3)&\cdots&X_h^{(1)}(3)\\\vdots&\vdots&\vdots&\vdots\\-a^{(n-1)}[X_1^{(1)},N]&X_2^{(1)}(N)&\cdots&X_h^{(1)}(N)\end{bmatrix}$$

进一步可写成分块矩阵形式，即

$$Y_N=(A\vdots B)\hat{\alpha}$$

其中　　　　　　　　　$\hat{\alpha}=(\alpha_1,\alpha_2,\cdots,\alpha_n\vdots\beta_1,\beta_2,\cdots,\beta_{h-1})^T$

式中　$\hat{\alpha}$——模型淡定参数阵。

对估计 $\hat{\alpha}$，应用最小二乘法求解，即

$$e^T e\to\min$$

其中　　　　　　　　　$e=Y_N-(A\vdots B)\hat{\alpha}$

由此可得

$$\hat{\alpha}=[(A\vdots B)^T(A\vdots B)]^{-1}(A\vdots B)^T Y_N$$

一般的，以两点滑动平均代替矩阵 B 中的 $a^0[X^{(1)},k]$，$k=2,3,\cdots,N$，即

$$a^0[X_1^{(1)},k]=\frac{1}{2}[X_1^{(1)}(k)+X_1^{(1)}(k-1)]$$

则矩阵 B 变为

$$B=\begin{bmatrix}-\dfrac{1}{2}[X_1^{(1)}(2)+X_1^{(1)}(1)]&X_2^{(1)}(2)&\cdots&X_h^{(1)}(2)\\-\dfrac{1}{2}[X_1^{(1)}(3)+X_1^{(1)}(2)]&X_2^{(1)}(3)&\cdots&X_h^{(1)}(3)\\\vdots&\vdots&\cdots&\vdots\\-\dfrac{1}{2}[X_1^{(1)}(N)+X_1^{(1)}(N-1)]&X_2^{(1)}(N)&\cdots&X_h^{(1)}(N)\end{bmatrix}$$

求出 $\hat{\alpha}$ 后，可得出式（4-12）~式（4-14）中 $GM(n,h)$ 模型的微分方程，求解这

一方程，即可得 $GM(n，h)$ 模型的响应函数。

（2）动态检验模型。尽管大坝原型监测资料真实地反映了大坝各监测量的实际情况，但由于信息中含有灰色量，他们之间的关系是相当复杂的，有时较难用物理力学的方法来建立确定的数学关系，存在着一部分不确定性因素，是一种灰关系。灰色系统理论提供了处理信息中的不确定性的分析和建模方法。

在进行监测数据检验和剔除时，作以下假设：①测点数值所反映的大坝安全状态在时间、空间上是连续的；②在正常情况下，各测点数据的变化都是由渐变到突变的过程，如果测点数据在渐变情况下超过了监控指标，说明大坝结构发生了变化；③各临近或相关测点之间的变化趋势是一致的，如果相关测点的数据均发生了突变，说明大坝结构发生了变化；如果发生了不一致的突变，则说明有粗差存在。以某水库大坝的水平位移监测资料来说明灰色系统动态检验模型的建立和伪值检验方法。

1）模型因子选择。大坝的位移主要受水压力、温度和时效等因素影响。由于所建立的数学模型是为了检验最新监测数据的合理性和检验粗差值，所以只考虑监测时刻近期的数据序列，时效因素可以不考虑，温度因素用气温表示。所以在建模时，其因子选择为监测点的水平位移、库水位、温度。

由于在求解 $\hat{\alpha}$ 推导过程中，做了 $\Delta t^{n-i}=1$ 的假定，故选取等时段的监测数据序列。

2）模型建立。设 $n=1，h=3$，建立 $GM(1，3)$ 动态检验模型。为避免求逆矩阵时的病态或奇异性，需对数据序列进行标准化处理，采用规一化法，即

$$X_k^{\prime(0)}(i)=\frac{X_k^{(0)}(i)-X_{k\min}^{(0)}(i)}{X_{k\max}^{(0)}(i)-X_{k\min}^{(0)}(i)}，(k=1,2,\cdots,h；\quad i=1,2,\cdots,N)$$

式中　　$X_{k\min}^{(0)}(i)$ ——数据序列的最小值；

　　　　$X_{k\max}^{(0)}(i)$ ——数据序列的最大值。

选其监测资料系列进行计算，得到模型的微分方程为

$$\frac{\mathrm{d}\hat{\delta}^{\prime(1)}}{\mathrm{d}t}+\alpha\hat{\delta}^{\prime(1)}=\beta_1 H^{\prime(1)}+\beta_2 T^{\prime(1)} \tag{4-16}$$

式中　　α、β_1、β_2——模型参数；

　　　　$\hat{\delta}^{\prime(1)}$ ——水平位移的 $1\text{-}AGO$ 序列；

　　　　$H^{\prime(1)}$ ——水头差的 $1\text{-}AGO$ 序列；

　　　　$T^{\prime(1)}$ ——混凝土温度的 $1\text{-}AGO$ 序列。

解出其响应函数为

$$(t+1)=[\delta^{(1)}(0)-\frac{\beta_1}{\alpha}H^{\prime(1)}(t+1)-\frac{\beta_2}{\alpha}T^{\prime(1)}(t+1)]\mathrm{e}^{-at}+\frac{\beta_1}{\alpha}H^{\prime(1)}(t+1)-\frac{\beta_2}{\alpha}H^{\prime(1)}(t+1)$$

（3）检验区间的确定。为了检验最新测值 δ_{new} 是否为粗差值，给定一个检验区间 $[\delta^-，\delta^+]$，当 $\delta_{\text{new}}\in[\delta^-，\delta^+]$ 时，判断该值为真，否则，可以认为该值为伪值，应剔除，如图 4-5 所示。取置信水平为 95%，置信带宽 $\Delta=\pm1.96S$，即

$$[\delta^-,\delta^+]=[\delta-1.96S,\delta+1.96S]$$

式中　　S——剩余标准差。

（4）计算流程和检验方法。当通过计算机检验出测值超出检验区间时，则进入相关测

点值的分析。若相关测点存在相同的变化趋势，说明坝体结构发生了变化，该点标记为疑点，进行疑点成因分析；否则，确认该测值为粗差值并予以剔除（图 4-5）。

过程突变模型。假定观测数据序列在时间 T 上的观测值为 $\{y(t), t \in T\}$，记其均值为 $\mu(t) = E[y(t)]$。当 $\{\mu(t), t \in T\}$ 满足分段连续且平方可积条件时，其总可以采用 L^2——空间上适当选定的一组基函数系列 $\{\theta_i(t), i = 1, 2, 3, \cdots\}$ 的线性组合逼近。因此，假定观测值 $\{y(t), t \in T\}$ 可采用的线性参数模型拟合形式为

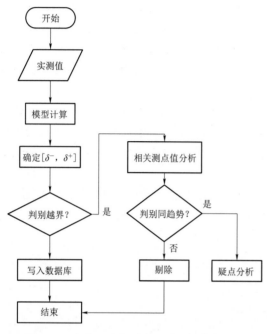

$$y(t) = \sum_{i=1}^{s} a_i \theta_i(t) + \varepsilon(t)$$

$$E[\varepsilon(t)] = 0$$

$$\mathrm{cov}[\varepsilon(t)] = \sigma^2$$

式中　$\varepsilon(t)$——观测误差与模型拟合残差的混合影响；

　　　a_i——拟合系数，$i = 1, 2, 3, \cdots, s$。

当观测资料序列中有粗差值时，结合正常序列时的拟合模型式，可构造带粗差值的容错数学模型，即

$$\widetilde{y}(t) = \sum_{i=1}^{S} a_i \theta_i(t) + \sum_{\tau=1}^{m} \lambda_\tau \phi(t, \tau) + \varepsilon(t)$$

式中　τ——粗差发生时刻；

　　　λ_τ——τ 时刻粗差的幅度。

函数 Φ 取值为

$$\Phi(t, \tau) = \begin{cases} 1, t = \tau \\ 0, t \neq \tau \end{cases}$$

图 4-5　灰色系统粗差检验模型计算流程图

引进记号 $\alpha = (a_1, a_1, \cdots, a_s)^T$。对于以上模型，模型系数的最小二乘估计递推关系为

$$\hat{\alpha}_{n+1} = \hat{\alpha}_n + p_{n+1} \xi_{n+1}$$

其中

$$\xi_{n+1} = \frac{y(t_{n+1}) - x_{n+1}^T \hat{\alpha}_n}{\sqrt{1 + x_{n+1}^T (A_n{}^T A_n)^{-1} x_{n+1}}}$$

$$p_{n+1} = \frac{(A_n{}^T A_n)^{-1} x_{n+1}}{\sqrt{1 + x_{n+1}^T (A_n{}^T A_n)^{-1} x_{n+1}}}$$

$$x_{n+1} = \begin{bmatrix} \theta_1(t_{n+1}) \\ \vdots \\ \theta_s(t_{n+1}) \end{bmatrix}$$

$$A_{n+1} = \begin{bmatrix} \theta_1(t_1) & \cdots & \theta_s(t_1) \\ \vdots & & \vdots \\ \theta_1(t_n) & \cdots & \theta_s(t_n) \end{bmatrix}$$

式中　ξ_{n+1}——$y(t_{n+1})$ 产生的规范化信息；

p_{n+1}——递推最小二乘估计的修正因子；

x_{n+1}、A_{n+1}——基函数生成的向量和矩阵。

可以证明，当观测数据序列与统计模型吻合时，递推最小二乘估计 $\hat{\alpha}_n$ 是模型系数的最小方差线性无偏估计，具有良好的统计性质。但是，递推最小二乘法估计缺乏对粗差的容错能力。当序列存在粗大误差数据时，若按上式计算递推最小二乘法估计，则实际效果往往是不能令人满意的。

为改进递推算法对粗差值的容错能力，构造一组改进型递推算法，即

$$\hat{\alpha}'_{n+1} = \hat{\alpha}'_n + p_{n+1}\omega(\widetilde{\xi}_{n+1})$$

式中 $\widetilde{\xi}_{n+1}$——将 ξ_{n+1} 表达式中 $\hat{\alpha}_n$ 用 $\hat{\alpha}'_n$ 代替后的结果；

$\omega(\xi)$——定义于 R 上的有界奇函数；

$\hat{\alpha}'_n$——模型系数 α 的有界影响估计。

设 $\{\varepsilon(t)，n=1，2，\cdots\}$ 服从正态分布，则在 $\{\omega \mid \omega(-\xi)=-\omega(\xi)，\sup\limits_{\xi\in\mathbb{R}}\mid\omega(\xi)\mid\leqslant C\}$ 中使估计误差方差最小的 $\omega(\xi)$ 确定式为

$$\omega(\xi)=\begin{cases}\xi，\mid\xi\mid\leqslant C \\ \dfrac{\xi}{\mid\xi\mid}，\mid\xi\mid>C\end{cases}$$

式中 C——适当选取的门限常数，取置信水平 95%，置信带宽为 $\pm1.96S$；

S——剩余标准差，则 $C=1.96S$。

当观测序列发生粗差值时，可以在线计算递推估计 $\hat{\alpha}_{n+1}$，给出测量对象一步估计为

$$\hat{y}(t_{n+1}) = \sum_{i=1}^{s}\hat{\alpha}'_{i,n}\theta_i(t_{n+1})$$

式中 $\hat{\alpha}'_{i,n}$——容错辨识 $\hat{\alpha}'_n$ 的第 i 个分量。

由带粗差序列的实际观测值和容错估计，可以生成残差序列，即

$$\widetilde{\varepsilon}_{t_{n+1}} = \widetilde{y}(t_{n+1}) - \hat{y}(t_{n+1})$$

$$\widetilde{\varepsilon}_{t_{n+1}} = \widetilde{y}(t_{n+1}) - \hat{y}(t_{n+1}) + \begin{cases}0，t_{n+1}\neq\tau \\ \lambda_\tau，t_{n+1}=\tau\end{cases}$$

适当选取置信常数 Δ（通常取为 0.05）。由残差序列，结合统计推断的稳健—抗扰性处理技术，可以构造出置信度接近 $(1-\Delta)\times100\%$ 的置信区间为

$$I_{n+1} = [\hat{y}_{n+1} - C_{n,\frac{\Delta}{2}}\hat{\sigma}_n，\hat{y}_{t_{n+1}} - C_{n,1-\frac{\Delta}{2}}\hat{\sigma}_n] \subset \mathbb{R}$$

$$\hat{\sigma}_n = mid\{\widetilde{\varepsilon}_{t_{n+1}}，i=1,2,\cdots,n\}$$

$$p[\varepsilon(t)<-C_{n,\frac{\Delta}{2}}\hat{\sigma}_n] = \frac{\Delta}{2}，p[\widetilde{\varepsilon}(t)>C_{n,1-\frac{\Delta}{2}}\hat{\sigma}_n(t)] = \frac{\Delta}{2}$$

利用置信区间序列 $\{I_{n+1}，n=1，2，\cdots\}$，可以为观测序列建立在线检验策略如下：当 $y(t_{n+1})\in I_{n+1}$ 时，可判断 $y(t_{n+1})$ 为伪值，可靠度接近 $(1-\Delta)\times100\%$，若通过相关测点值的分析，存在相同的变化趋势，则该点标记为疑点，进行疑点成因分析。否则，确认该测值为粗差值并予以剔除。过程突变粗差检验模型计算流程图，如图 4-6 所示。

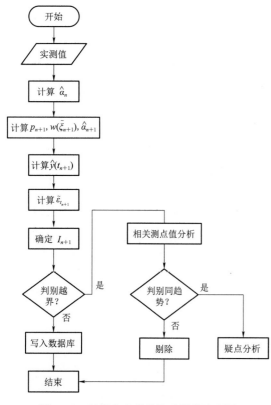

图 4-6 过程突变粗差检验计算流程图

4.2.5.4 野值处理

对监测数据的处理主要是指对原始观测数据的复制件的处理，包括误差的修改、缺值的补插、平差、平滑和修匀等。处理工作不得直接对原始观测数据进行。每次处理必须作相应机理，最后形成整理整编数据或数据库。本节所述的方法如缺值的补插、平滑、修改等，也可对整理或整编数据库复制件进行，以满足作图、时序分析、统计分析等需要。

1）观测数据的补插。若出现缺测或由于提出了粗差而缺少某次观测测值时，需要补充合理的值，即为观测数据的补插。补插一般采用多项式插值、样条函数插值等数学方法。

拉格朗日一次插值。设距离待插值测点最近的两个测点分别为 (X_1, Y_1)、(X_1, X_2)，则插补点 (X, Y) 的 Y 坐标为

$$Y = \frac{X - X_2}{X_1 - X_2} Y_1 + \frac{X - X_1}{X_1 - X_2} Y_2$$

拉格朗日二次插值。设距离待插值测点最近的三个测点分别为 (X_1, Y_1)、(X_2, Y_2)、(X_3, Y_3)，则插补点 (X, Y) 的 Y 坐标为

$$Y = \frac{(X - X_2)(X - X_3)}{(X_1 - X_2)(X_1 - X_3)} Y_1$$
$$+ \frac{(X - X_1)(X - X_3)}{(X_2 - X_1)(X_2 - X_3)} Y_2$$
$$+ \frac{(X - X_1)(X - X_2)}{(X_3 - X_1)(X_3 - X_2)} Y_3$$

式中　X——时间（通常情况）；

　　　Y——测值（通常情况）。

在 $X_1 < X < X_2$ 时为内插，通常用于插补多次观测之间的测值；在 $X < X_1$ 或 $X_2 < X$ 时为外插。

2）观测数据的平差。由于观测结果不可避免地存在着随机误差，在实际观测时，通常要进行多余观测（即使测值的个数多余未知量的个数）。对带有随机误差的观测序列，采用合理的方法来消除其间的不符合值，求出未知量的最或然值，并评价测量结果的精度，即为观测数据的平差。对观测数据进行平差的方法很多，当观测数据相互独立时，可采用直接平差法，否则可采用条件平差或两组平差、间接平差、矩阵平差等方法。本节仅

介绍条件平差法。

条件方程式的建立。设有 r 个多余观测，共有 n 个测值，则可建立联系修正数 V_1，$V_2,\cdots,V_n$ 的 r 个条件方程，即

$$\left.\begin{array}{c} a_1V_1+a_2V_2+\cdots+a_nV_n+\omega_1=0 \\ b_1V_1+b_2V_2+\cdots+b_nV_n+\omega_2=0 \\ \vdots \\ r_1V_1+r_2V_2+\cdots+r_nV_n+\omega_r=0 \end{array}\right\} \qquad (4-17)$$

式中　ω_1，ω_2，$\cdots$，ω_r——利用多余观测条件所求出的 r 个不符值。

一般情况下，改正数 $V_1,V_2,\cdots,V_n$ 的条件方程组是线性的，如若不然，则需用 Taylor 公式将其线性化。

改正数方程组。平差的原则是采用唯一一组改正值消除不符值，从而使得误差函数最小，即

$$f=[PVV]=P_1V_1V_1+P_2V_2V_2+\cdots+P_nV_nV_n=\min$$

式中　P_1，P_2，$\cdots$，P_n——观测值（$L_1,L_2,\cdots,L_n$）的权。

平差计算实际上是求出满足条件方程式的误差函数极值问题，可用最小二乘原理求取最或然值。对每一条件方程式乘以拉格朗日乘子 K_i（$i=1,2,\cdots,r$），然后建立新的误差函数 Φ 为

$$\Phi=[PVV]-\sum_{i=1}^{r}[2K_i(A_{i1}V_1+A_{i2}V_2+\cdots+A_{in}V_n+\omega_i)]$$

对 Φ 依次对求偏导数并令其为零，则可得改正数方程组为

$$\left.\begin{array}{c} V_1=a_{11}K_1+a_{12}K_2+\cdots+a_{1r}K_r \\ V_2=a_{21}K_1+a_{22}K_2+\cdots+a_{2r}K_r \\ \vdots \\ V_n=a_{n1}K_1+a_{n2}K_2+\cdots+a_{nr}K_r \end{array}\right\}$$

求解方程组。将改正数方程组带入条件方程组，可求得以联系数 $K_1,K_2,\cdots,K_r$ 为未知量的法方程组，即

$$\left.\begin{array}{c} b_{11}K_1+b_{12}K_2+\cdots+b_{1r}K_r+\omega_1=0 \\ b_{21}K_1+b_{22}K_2+\cdots+b_{2r}K_r+\omega_2=0 \\ \vdots \\ b_{r1}K_1+b_{r2}K_2+\cdots+b_{rr}K_r+\omega_r=0 \end{array}\right\}$$

采用消元法即可求解。

平差计算和精度评定。求得联系数后，即可求得改正数 V_i。平差精度评定可由误差函数 $[PVV]$ 给出。相应的观测中误差计算公式为

$$m=\pm\sqrt{[PVV]/r}$$

3）观测数据的修匀。若观测数据受偶然因素影响较大，起伏不定，则可通过对该组数据修匀，消除偶然因素的影响，从而体现未知量的真是变化规律。修匀的方法很多，常用的为三点移动平均法。

当相邻三个测点的测值分别为 (X_{i-1}, Y_{i-1})，(X_i, Y_i)，(X_{i+1}, Y_{i+1})，则中央一个测点的修匀值为 $[(X_{i-1}+X_i+X_{i+1})/3, (X_{i-1}+X_i+X_{i+1})/3]$，两端点 $(i=1)$ 和 $(i=n)$ 的修匀值则分别为 $(X_1, 2Y_1/3+Y_2/3)$，$(X_n, 2Y_n/3+Y_{n-1}/3)$。

在计算机处理时，建议剔除粗差的数据作为基本数据保留，修匀只在必要时进行（如绘图或进行计算时）。

4.3　数据分析与挖掘

变量之间的关系一般有如下两种：

（1）变量间存在着完全确定的关系。如静水压力 $F=yh$，其中 y 是水的容重，通常看作常数，h 是水深，是水深为 h 处的静水压强。若已知水深 h，则静水压强力就可以准确求得。在科学技术实践中，有大量问题可以用理论方法建立变量间的确定关系，这种关系叫做函数关系。

（2）变量之间存在着不确定性的关系。许多变量间的函数关系往往一时还不能从理论上建立起来，在大坝安全监测中，大量问题属于这一类。例如经过若干假定之后，可以用力学理论推求混凝土坝位移同库水位、坝体温度、材料徐变等之间的确定函数关系，但是一般其理论计算结果很难与实测结果相符合，这种与实测结果不相符合的程度，各坝之间也不相同。所以大坝位移与库水位、坝体温度、材料徐变等之间的关系可认为是一种不存在确定性关系的例子。对一个具体的混凝土坝来讲，影响位移的因素除了上述 3 个之外，还有其他很多因素，其中有的因素一时还没有认识到，有的虽然已经认识到了，但暂时还无法测量。由于影响因素多，再加上在监测各种变量时产生的误差，以及上述因素有时又会综合在一起，这就造成了变量之间关系的不确定性。然而，这种不存在确定性关系的随机变量之间的关系也不是没有规律可循的，大量偶然性中蕴含着必然性的规律。经过长期多次监测，就不难发现这种随机变量之间确实也存在着某种客观的规律性，这一类变量之间的关系称为统计相关。

当然，变量之间的确定性关系（即函数关系）和不存在确定性关系（即统计相关），二者之间没有一条不可逾越的鸿沟。确定性关系往往是通过大量的统计相关关系表现出来的，也就是当对事物内部规律了解得更加深刻的时候，统计相关关系就可能转化为确定性关系。但未被彻底认识的确定性关系，或尚未发展上升到确定性关系时，往往在某一认识阶段上，仅仅表现为统计相关的关系。

相关分析和回归分析研究的都是随机变量之间的相关关系。但是在数理统计中，二者的意义是有区别的。相关分析是把变量都看做随机变量，其目的是确定变量之间的相互联系的程度如何，分析中假定所有随机变量的误差必须都呈正态分布。回归分析则是应用数学方法对大量监测数据加以处理，从而确定上述不存在确定性关系的变量之间关系的规律性，并用数学关系式表达出来。在回归分析中，假定因变量的误差呈正态分布，而对自变量的误差分布并无要求，也就是只考虑在自变量保持一系列定值时，因变量这个随机变量是如何变化的。总之，相关分析的前提是把全部变量视为随机变量，而回归分析则只把因变量视为随机变量，把自变量视为非随机变量。

4.3.1 相关性分析和特征选择

4.3.1.1 相关性分析

相关性分析方法主要有以下几种。

1. 图表相关分析

图表相关分析方法是将数据进行可视化处理，简单来说就是绘制图表。单纯从数据的角度很难发现其中的趋势和联系，而将数据点绘制成图表后趋势和联系就会变得清晰起来。对于有明显时间维度的数据，选择使用折线图。

2. 协方差及协方差矩阵

协方差用来衡量两个变量的总体误差，如果两个变量的变化趋势一致，协方差就是正值，说明两个变量正相关；如果两个变量的变化趋势相反，协方差就是负值，说明两个变量负相关；如果两个变量相互独立，那么协方差就是 0，说明两个变量不相关。协方差的计算公式为

$$\text{cov}(X,Y) = \frac{\sum_{i=1}^{n}(X_i - \overline{X})(Y_i - \overline{Y})}{n-1}$$

3. 相关系数

相关系数是反应变量之间关系密切程度的统计指标，相关系数的取值区间在 -1 到 1。1 表示两个变量完全线性相关，-1 表示两个变量完全负相关，0 表示两个变量不相关。数据越趋近于 0 表示相关关系越弱。相关系数的计算公式为

$$r_{xy} = \frac{S_{xy}}{S_x S_y}$$

其中

$$S_{xy} = \frac{\sum_{i=1}^{n}(X_i - \overline{X})(Y_i - \overline{Y})}{n-1}$$

$$S_x = \sqrt{\frac{\sum(x_i - \overline{x})^2}{n-1}}$$

$$S_y = \sqrt{\frac{\sum(y_i - \overline{y})^2}{n-1}}$$

式中　r_{xy}——样本相关系数；

　　　S_{xy}——样本协方差；

　　　S_x——X 的样本标准差；

　　　S_y——Y 的样本标准差。

所有相关分析中最简单的就是两个变量间的线性相关，一变量数值发生变动，另一变量数值会随之发生大致均等的变动，各点的分布在平面图上大概表现为一直线（图4-7）。

给定二元监测数据 (X,Y)，线性相关分析就是用线性相关系数来衡量两变量的相关关系和密切程度，总体相关系数用 ρ 表示，即

$$\rho_{X,Y} = \frac{\text{cov}(X,Y)}{\sqrt{\text{var}(X)\text{var}(Y)}} = \frac{E[(X-\mu_X)(Y-\mu_Y)]}{\sqrt{\sigma_X^2 \sigma_Y^2}}$$

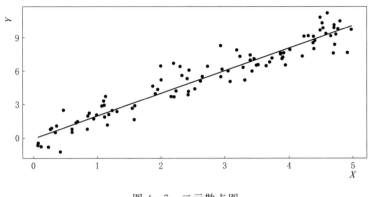

图 4 - 7　二元散点图

式中　　σ_X^2——数据 X 的方差；

　　　　σ_Y^2——数据 Y 的方差；

$\mathrm{cov}(X，Y)$——X 和 Y 的协方差。

　　根据柯西—施瓦尔兹不等式（Cauchy-Schwarz inequality），即

$$[\mathrm{cov}(X,Y)]^2 \leqslant \sigma_X^2 \sigma_Y^2$$

　　因此 $\rho_{X,Y}$ 是在区间 $[1-，1]$，两变量线性相关性越密切，$|\rho_{X,Y}|$ 接近于 1，两变量线性相关性越低，$|\rho_{X,Y}|$ 接近于 0。

4.3.1.2　时间序列分析

　　时间序列是用来研究数据随时间变化趋势而变化的一类算法，是一种常用的预测性分析方法。其基本出发点是事物的发展都具有连续性，都是按照本身固有的规律进行的。在一定条件下，只要规律赖以发生的条件不产生质的变化则事物在未来的基本发展趋势仍然会延续下去。

　　从本质上看，时间序列算法是利用统计技术与方法，从预测指标的连续性规律中找出演变模式并建立数学模型，对预测指标的未来发展趋势做出定量估计。时间序列的常用算法包括移动平均（Moving Average，MA）、指数平滑、差分自回归移动平均模型（Auto-regressiveIntegrated Moving Average Model，ARIMA）三大主要类别，每个类别又可以细分和延伸出多种算法。

　　1. 移动平均

　　移动平均模型依赖的基础是每个时刻点的值是历史数据点错误项的函数，其中这些错误项是互相独立的。MA 模型和自回归模型的公式很类似，只是将公式中的历史数值替换成了历史数据的错误项，由于错误项是互相独立的，所以在移动平均模型中，t 时刻的数值仅仅和最近的 q 个数值有关，而和更早的数据之间没有自相关性。其中，简单移动平均，是最容易使用的一种，也是最容易理解的。其中，q 为窗口大小，表示 t 时刻的移动平均值。自回归与移动平均建模是有区别的：移动平均是以过去的残差项来做线性组合自回归模型是以过去的观察值来做线性组合，其出发点是通过组合残差项来观察残差的振动移动平均能有效地消除预测中的随机波动。

　　当时间序列的数值受周期变动和不规则变动的影响起伏较大，不易显示出发展趋势

时，可采用移动平均法，消除这些因素的影响，分析预测序列的长期趋势。q 阶移动平均模型可以表示为

$$y_t = c + \varepsilon_t + \theta_1 \varepsilon_{t-1} + \theta_1 \varepsilon_{t-1} + \cdots + \theta_q \varepsilon_{t-q}$$

式中　ε_t——t 时刻的数据误差；

　　　θ_i——权重系数，需要根据不同应用需求而设定。

2. 指数平滑

一次指数平滑法的递推关系为

$$s_i = \alpha x_i + (1 - \alpha) s_{i-1}$$

式中　s_i——时间步长 i（理解为第 i 个时间点）上经过平滑后的值；

　　　x_i——这个时间步长上的实际数据。

α 可以是 0 和 1 之间的任意值，其控制着新旧信息之间的平衡：当 α 接近 1，就只保留当前数据点；当 α 接近 0 时，就只保留前面的平滑值（整个曲线都是平的）。递推关系式展开为

$$
\begin{aligned}
s_i &= \alpha x_i + (1 - \alpha) s_{i-1} \\
&= \alpha x_i + (1 - \alpha)[\alpha x_{i-1} + (1 - \alpha) s_{i-2}] \\
&= \alpha x_i + (1 - \alpha)\{\alpha x_{i-1} + (1 - \alpha)[\alpha x_{i-2} + (1 - \alpha) s_{i-3}]\} \\
&= \cdots \\
&= \alpha \sum_{j=0}^{i} (1 - \alpha)^j x_{i-j}
\end{aligned}
$$

可以看出，在指数平滑法中，所有先前的观测值都对当前的平滑值产生了影响，但他们所起的作用随着参数 α 的幂的增大而逐渐减小。那些相对较早的观测值所起的作用相对较小。同时，称 α 为记忆衰减因子可能更合适，因为 α 的值越大，模型对历史数据"遗忘"的就越快。从某种程度来说，指数平滑法就像是拥有无限记忆（平滑窗口足够大）且权值呈指数级递减的移动平均法。一次指数平滑所得的计算结果可以在数据集及范围之外进行扩展，因此也就可以用来进行预测。

3. 差分自回归移动平均模型

自回归模型描述当前值与历史值之间的关系，用变量自身的历史时间数据对自身进行预测。ARIMA 模型是平均 MA 模型和回归 AR 模型的混合。

$ARIMA(p, q)$：自回归与移动平均结合，序列中每个观测值都可以用过去的 p 个观测值和 q 个残差值的线性组合来表示，模型的形式为

$$y_t = c + \varphi_1 y_{t-1} + \varphi_2 y_{t-2} + \cdots + \varphi_p y_{t-p} + e_t - \theta_1 e_{t-1} - \theta_1 e_{t-1} - \cdots - \theta_q e_{t-q}$$

显然，从公式可以看出，该模型是回归和移动平均的混合模型。当 $q = 0$ 时，退化为纯自回归模型，当 $p = 0$ 时，退化为移动平均模型。

$ARIMA(p, d, q)$ 模型：差分自回归移动平均模型。该模型原理是将非平稳时间序列转换为平稳时间序列，然后将因变量仅对其滞后值（阶数）以及随机误差项的现值和滞后值进行回归所建立的模型。相较于 $ARIMA(p, q)$ 模型，这里的 d 是对原序列数据进行逐期差分的阶数，差分的目的是为了使非平稳序列变换为平稳序列，通常差分的取值为 0，1，2，一般的非平稳序列基本差分 2 阶后就会变得平稳，当差分阶数过高时，对原数据破坏较大，会丢失很多信息。

$ARIMA(p,d,q)(P,D,Q)^s$ 模型：对于季节性的非平稳时间序列，需要进行季节性差分才能得到平稳时间序列，这里的 D 是季节性差分的阶数，P，Q 是季节性自回归阶数和季节性移动平均阶数，s 为季节周期的长度，如果是月度数据，则 $s=12$，如果是季度数据，则 $s=4$。

4.3.1.3　特征选择

特征选择是机器学习中的一项重要预处理技术，其通过从原始数据中选择最相关、最有用和非冗余的特征子集来简化模型、减少训练时间、避免维度灾难以及增强泛化能力。与特征提取不同，特征选择不需要创建新特征，而是从现有特征中选择最优子集。特征选择技术包括过滤、包装和嵌入方法，其中每种方法都有其优缺点和适用场景。在特征选择过程中，需要考虑多个因素，如特征之间的相关性、特征对目标变量的贡献、特征的稳定性和可解释性等。特征选择可以帮助数据科学家更好地理解数据，提高模型的解释性和可靠性。主要选择方法有以下几种。

1. 通过标签信息选择特征

就标签信息的可用性而言，特征选择技术可大致分为：监督方法、半监督方法和无监督方法三类。标签信息的可用性允许有监督的特征选择算法，有效地选择有区别的和相关的特征来区分来自不同类别的样本。有监督特征选择算法可以识别相关特征以最好地实现监督模型的目标（例如分类或回归问题），并且他们依赖于标记数据的可用性。无监督特征选择技术忽略目标变量，监督特征选择技术使用目标变量。

当一小部分数据被标记时，可以利用半监督特征选择，同时利用标记数据和未标记数据。现有的半监督特征选择算法大多依赖于相似度矩阵的构造，选择最适合相似度矩阵的特征。由于没有用于指导判别特征搜索的标签，无监督特征选择被认为是一个更难的问题。

2. 单变量过滤方法

单变量过滤方法是一种基于特征本身的统计量进行排序，然后选择排名靠前的特征的方法。常见的统计量包括互信息、卡方检验、相关系数等。这种方法的优点是速度快，可以在不训练模型的情况下进行特征选择。缺点是可能会忽略不同特征之间的相互作用，导致选择出来的特征集不够优秀。

在单变量过滤方法中，可以突出显示如下两个主要组：①基于信息评估每个特征的相关性的方法；②使用对象之间的相似性评估基于光谱分析的特征的方法。在基于信息的方法中，其思想是通过熵、散度、互信息等度量来评估数据的分散程度，以识别数据中的聚类结构。

3. 多变量过滤方法

多变量过滤方法可以分为统计/信息、生物启发和基于光谱/稀疏学习的方法三个主要组。其中，统计/信息组包括无监督的特征选择方法，这些方法使用统计和/或信息论度量来执行选择，例如方差协方差、线性相关、熵、互信息等。

4. 包装方法

包装方法是针对具体的学习算法，使用不同的特征子集进行模型训练，并根据模型性能评估来选择特征子集的方法。常见的包装方法包括递归特征消除、遗传算法等。包装方法的优点是能够考虑特征之间的相互作用，但是需要多次训练模型，计算量较大。

5. 嵌入方法

嵌入方法是将特征选择和模型训练过程结合起来的方法，即在学习算法的训练过程中自动完成特征选择。常见的嵌入方法包括最小绝对值收敛和选择算子算法（Least Absolute Shrinkage and Selection Operator，Lasso）、岭回归（Ridge）等。嵌入方法的优点是能够充分考虑特征与目标变量之间的关系，但是需要针对不同的学习算法进行特征选择。

4.3.2 建立数据预测模型

大坝的安全监测工作是保障其稳定运行和防止灾害事故的重要手段。然而，我国大坝安全监测的资料分析工作起步相对较晚，最初只以定性分析为主。20 世纪 80 年代中期，吴中如等从徐变理论出发推导了坝体顶部时效位移的表达式，并用周期函数模拟温度、水压等周期荷载，用非线性二乘法进行参数估计，提出了裂缝开合度统计模型的建立和分析方法、坝顶水平位移的时间序列分析法以及连拱坝位移确定性模型的原理和方法。通过三维有限元渗流分析，建立了渗流测点的扬压力、绕坝渗流测孔水位的确定性模型，用于分析和评价大坝基础及岸坡的渗流性态。

近年来，模糊数学、灰色理论、神经网络、小波分析、混沌动力学等各种理论和方法也纷纷被引入大坝安全监测数据分析中来，并取得了一定的成果。例如，徐洪钟等将模糊数学与神经网络相结合，建立了土石坝的沉降组合模型，并采用自适应模糊神经网络进行组合预报；邓念武等运用 BP 人工神经网络模型克服了模型必须是基本观测量的线性和非线性组合的局限性，将 BP 模型应用于土石坝空间位移分析，实现了大坝空间位移的拟合和预报；徐凤才和杨杰、郭海庆等应用灰色系统理论，在一阶单变量灰色线性模型 $GM(1，1)$ 基础上，引入使平均相对误差为最小的灰元 a 作为模型参数，建立了灰模型 $GM(1，1；a)$。

4.3.2.1 逐步回归统计模型

在水工实际问题中，影响一个事物的因素往往是复杂的，例如大坝位移除了受库水压力影响外，还受到温度、渗流、施工、地基、周围环境以及时效等因素的影响。扬压力或孔隙水压力受库水压力、岩体节理裂隙的闭合、坝体应力场、防渗工程措施以及时效等影响。因此，在寻找预报量和预报因子之间的关系式时，不可避免地要涉及许多因素，找出各个预报量的影响，建立他们之间的数学表达式，即统计模型。借此推算某一组荷载集时的预报量，并与其实测值比较，以判别建筑物的工作状况，对建筑物进行监测。同时分离方程中的各个分量，并用其变化规律分析和估计建筑物的结构性态。

以上所述大坝变形、应力和渗流的影响因素比较复杂，但库水位、温度、降雨量和时效是主要的影响因素，其他的影响因素可以通过时效因子来考虑。不同的坝影响因素的表达式一般不一样。下面以混凝土坝和土石坝的变形和渗流为代表进行阐述。

1. 混凝土坝的影响因子

（1）水压因子。重力坝变形的水压因子通常为水头的一次、二次、三次项，拱坝的水压因子为水头的一次、二次、三次、四次项。因此水压分量可以表示为

$$\delta_H = \sum_{i=1}^{3(4)} a_i H^i$$

其中重力坝 i 取 1、2、3；拱坝 i 取 1、2、3、4。渗流与上下游水位差关系密切，并且渗流滞后于库水位变化，所以水压因子可以用观测日前一段时间（如一个月）的库水位

平均值来表示。如扬压力的上下游水压分量 Y_{Hu}、Y_{Hd} 可表示为

$$Y_{Hu} = \sum_{i=1}^{m} a_{ui} \overline{H}_{ui}$$

$$Y_{Hd} = \sum_{i=1}^{m} a_{di} \overline{H}_{di} \text{ 或 } Y_{Hd} = a_d H_d$$

式中　　$\overline{H}_{ui}$——前 i 天的平均上游库水位，一般 $i=1$，2，5，10，15，…，m；

$\overline{H}_{di}$——前 i 天的平均下游库水位；

H_d——观测日当天的下游水位；

a_{ui}、a_{di}、a_d——回归系数。

　　另外，在多沙河流中修建水库，坝前逐年淤积，加大了坝体的压力和库底压重。在未稳定前，泥沙逐渐淤高固结，使内摩擦角加大，减小侧压系数。因此，泥沙压力对位移的影响十分复杂。在缺乏泥沙淤积和泥沙容重时，此项无法用确定性函数选择因子。为简化计算，一般把泥沙对位移的影响由时效因子来体现，不另选因子。

　　（2）温度因子。位移温度分量是由于坝体混凝土和基岩温度变化引起的位移，因此，从力学观点来看，温度分量应选择坝体混凝土和基岩的温度计测值作为因子。

　　1）有内部温度计的情况。在坝体和基岩布设有足够数量的内部温度计，其测值可以反映温度场则可以用实测温度作为因子，即

$$\delta_T = \sum_{i=1}^{n} b_i T_i$$

式中　　T_i——第 i 个温度计的测值；

b_i——回归系数；

n——温度计的个数。

　　2）用等效温度作为因子。温度计数量较多时，即建模的因子较多，会使得情况变得复杂，所以可以用各层的实测温度换算成平均温度 $\overline{T}_i$ 和温度梯度 β_i，然后用平均温度梯度作为影响因子，位移温度分量为

$$\delta_T = \sum_{i=1}^{m_2} b_{1i} \overline{T}_i + \sum_{i=1}^{m_2} b_{2i} \beta_i$$

　　在有水温和气温资料时，温度因子可以选用观测前 i 天的气温和水温平均值 T_i 作为因子，即

$$\delta_T = \sum_{i=1}^{m_2} b_1 T_i$$

　　选用 T_i 需要根据各大坝的具体情况，如重力坝选择 $i=5,20,60,\cdots,n\mathrm{d}$，连拱坝可选取 $i=1$，2，3，4d。

　　3）无温度资料的情况。当混凝土水化热已散发，坝体内部温度达到准温度场，此时仅取决于边界温度变化，即上游面和水接触，下游面与空气接触。一般水温和气温作简谐变化，则混凝土内部的温度也作简谐变化，当时变幅较小，而且有一个相位差。因此可选用多周期的谐波作为温度分量，即

$$\delta_{T_i} = \sum_{i=1}^{m_2} \left(b_{1i} \sin \frac{2\pi it}{365} + b_{2i} \cos \frac{2\pi it}{365} \right)$$

其中 $i=1$ 表示一年周期；$i=2$ 表示半年周期，依次类推；一般 m_2 取值为 1 或 2。

（3）时效因子。大坝变形产生时效分量的原因复杂，其综合反映了坝体混凝土和基岩的徐变、塑性变形以及基岩地质构造的压缩，同时还包括坝体裂缝引起的不可逆位移以及自生体积变形。一般正常运行的大坝，时效位移变化的规律为初期变化急剧，后期渐趋稳定。时效位移的数学模型有指数函数、双曲函数、多项式、对数函数、指数函数（或对数函数）附加周期项、线性函数。

1）指数函数。其表达式为

$$\delta_\theta = C[1-\exp(-c_1\theta)]$$

式中　C——时效位移的最终稳定值；

　　　c_1——调节参数。

2）双曲函数。其表达式为

$$\delta_\theta = \frac{\xi_1\theta}{\xi_2+\theta}$$

式中　ξ_1、ξ_2——参数。

3）多项式。其表达式为

$$\delta_\theta = \sum_{i=1}^{m_3} c_i\theta^i$$

式中　c_i——系数。

4）对数函数。其表达式为

$$\delta_\theta = c\ln\theta$$

式中　c——系数。

5）线性函数。其表达式为

$$\delta_\theta = \sum_{i=1}^{m_3} c_i\theta_i$$

式中　c_i——系数；

　　　m_3——参数。

时效一般规律是在蓄水初期或某一工程措施初期变化较快，随着时间的延伸而逐渐趋向平稳。所以时效因子通常选为 θ 和 $\ln\theta$（θ 为观测日减去基准日的天数除以 100）。因此，变形的时效分量可表达为

$$\delta_\theta = c_1\theta + c_2\ln\theta$$

（4）降雨因子。对于大坝渗流，两岸坝段坝基渗流和绕坝渗流受到两岸地下水的影响，而地下水除受库水位影响外，降雨也是主要因素，降雨量与地下水位的关系复杂，与降雨量、雨型、入渗条件、地形和地质条件等因素有关，且有一定的滞后。对降雨分量处理方法如下：

1）前期降雨量。通常采用观测日前 i 天的平均降雨量作为降雨因子，如前 1d、2d、5d、10d 等的平均降雨量，即

$$Y_p = \sum_{i=1}^{m} d_i \overline{p}_i$$

式中　d_i——回归系数；

　　　$\overline{p}_i$——前 i 天的平均降雨量，$i = 1, 2, 5, 10, \cdots, m$。

2）有效降雨量。在降雨过程中，有一部分入渗产生地下水，地下水主要通过节理裂隙渗流影响两岸坝段坝基的扬压力。在该过程中呈现非线性关系，并有滞后效应。根据降雨对地下水的影响规律和裂隙渗流的指数定律以及滞后效应，降雨分量可表示为

$$Y_p = d_1 \int_{-\infty}^{0} \frac{1}{\sqrt{2\pi x_4}} e^{\frac{-(t-x_3)^2}{2x_4^2}} \left[p(t) \right]^{\frac{2}{3}} dt = d'_1 p'$$

式中　d'_1——降雨分量的回归系数；

　　　x_3——降雨分量的滞后天数；

　　　x_4——降雨影响权正态分布标准差；

　　$p(t)$——t 时刻的单位时段降雨量；

　　　p'——有效降雨量。

综上，混凝土大坝的变形主要受水压、温度、时效因素的影响，大坝的统计模型可以表示为

$$\delta = \delta_H + \delta_T + \delta_\theta$$

混凝土大坝的渗流受水压、温度、时效、降雨等因素的影响，渗流（以扬压力为例）的统计模型可以表示为

$$Y = Y_H + Y_T + Y_\theta + Y_p$$

2. 土石坝的影响因子

影响土石坝变形的因素有坝型，剖面尺寸，筑坝材料，施工程序和质量，坝基的地形、地质以及水库水位的变化情况等。由于这些因素错综复杂，有些因素难以定量描述，因此，从理论上分析土石坝变形的因子选择，在国内外还属探索阶段。土石坝的沉降变形要分成施工期和运行期两个阶段。土石坝的浸润线高低直接影响边坡稳定，是安全监测中的必测项目。

（1）施工期。施工期的沉降与有效应力密切相关，因子可选为 $\ln\sigma$（σ 为测点以上直立的土柱重量扣除测点附近测压计观测的孔隙水压力）。因此，其统计模型可选用表达式为

$$\Delta = b_0 + b\ln\sigma = \Delta\delta_V / \delta_V$$

式中　Δ——压缩率；

　　　δ_V——固结管横梁间的垂直距离；

　　$\Delta\delta_V$——压缩量。

（2）运行期。

1）时效因子。在运行期的沉降过程，其实质是土体内孔隙水逐渐排出，孔隙体积逐渐减小，土骨架和孔隙水所受压力逐渐转移和调整的过程。土石坝沉降随时间衰减。因此，时效是沉降变形的主要影响因素。时效因子表达式为

$$\delta_{\theta} = \begin{cases} c_1\theta + c_2\ln\theta \\ \dfrac{\theta}{c_1\theta + c_2} \\ \sum\limits_{i=0}^{n} c_i\theta^i \\ c_i\exp(c_2/\theta) \end{cases}$$

2）水压因子。水压是水平位移变化的主要影响因素。坝体在水的作用下，主要产生水压力、上浮力和湿化变形三个方面效应。因为任意函数都可以用泰勒级数展开，所以水压因子可以选为水压 H 的一次、二次、三次项。考虑库水压作用的时间对徐变的影响，还要附加前 i 天的平均水深 $\overline{H}_i$ 作为因子，则水压分量表达式为

$$\delta_H = \sum_{i=1}^{3} a_{1i}H^i + \sum_{i=1}^{m_1} a_{2i}\overline{H}_i$$

浸润线的水压因子分为上下游库水位因子，上游库水位因子可以用观测日前 i 天的平均水位；下游水位变化不大，因此下游库水位因子选为观测日当天的下游水位，即

$$h_u = \sum_{i=1}^{m_1} a_{ui}\overline{h}_{ui}$$

$$h_d = a_d h_{d1}$$

式中　$\overline{h}_{ui}$——观测日前 i 天的平均水位；

　　　h_{d1}——观测日的下游水位；

　a_{ui}、a_d——回归系数。

3）降雨因子。土石坝浸润线还受降雨量的影响，土石坝坝顶和下游面在降雨过程中，一部分入渗坝体，这过程取决于降雨强度、雨型及土石坝的材料。与此同时，在入渗引起测压管水位的变化也有一个滞后过程。因此，通常采用观测日前 i 天的平均降雨量作为降雨因子，如前 1d、2d、5d、10d 等的平均降雨量，即

$$h_p = \sum_{i=1}^{m_2} d_i\overline{p}_i$$

4）温度因子。温度变化引起土体线胀变化所引起的沉降很小。但是，在高寒地区负温引起土体冻胀，由此引起的沉降量比较显著。由于冰冻期的出现、时间长短以及负温值基本上呈年周期变化，因而土石坝因冻胀引起的沉降量也基本上呈年周期性变化，为此可以用一个时间函数来表示这部分沉降量与温度的关系。而任一周期函数只要满足 Dirichlet 条件就可以展成 Fourier 级数。因此，温度因子可用温度的线性项和三角函数来表示，即

$$\delta_T = \sum_{i=1}^{m_2} b_i T_i + \sum_{i=1}^{m_3} \left(b_{1i}\cos\frac{2\pi it}{365} + b_{2i}\sin\frac{2\pi it}{365}\right)$$

式中　T_i——观测日当天的气温，以及前 i 天的平均气温；

　　　t——某天起算的时间，d；

　m_2、m_3 取 9～10。

综上，水平位移的统计模型与沉降的统计模型的形式基本一样，但非高寒地区，统计模型中可不计入温度因子。如运行期沉降的统计模型为

$$\delta_V = b_0 + c_1\theta + c_2\ln\theta + \sum_{i=1}^{3} a_{1i}H^i + \sum_{i=1}^{m_1} a_{2i}\overline{H}_i$$

土石坝浸润线测压管水位的统计模型为

$$h = a_0 + \sum_{i=1}^{m_1} a_{ui}\overline{h}_{ui} + a_d h_{d1}^{\prime} + \sum_{i=1}^{m_2} d_i p_i + c_1\theta + c_2\ln\theta$$

4.3.2.2　确定性模型

结合大坝和地基的实际工作性态，用有限元方法计算荷载（如水压 H，变温 T 等）作用下的大坝和地基的效应场（如位移场、应力场或渗流场），然后与实测值进行优化拟合，以求得调整参数（因为大坝和坝基的平均物理力学参数以及边界条件等取得不确切），从而建立确定性模型。确定性模型往往能够从力学概念上对大坝的工作性态加以本质解释。以混凝土坝坝体位移为例具体说明如下。

1. 水压分量的计算 $f_H(t)$

用有限元计算不同水位作用下，大坝任一点的位移，然后用多项式拟合 $\delta_H = \sum_{i=1}^{m_1} a_i H^i$ 求得 a_i，m_1：重力坝取 3、拱坝和连拱坝取 4。当已知坝体基岩的真实平均弹性模型 E_c、E_r、E_b、δ_H 无需修正。当已知坝体和坝基的弹性模量之比（$R = E_c/E_r$）、坝基弹性模量（E_r）与库区基岩弹性模量 E_b 相同。

$$f_H(t) = X \sum_{i=0}^{m_1} a_i H^i$$

当 E_c、E_r、E_b 都未知时应分别计算，并给予调整参数。

2. 温度分量 $f_T(t)$

$f_T(t)$ 是由于坝体混凝土的变温所引起的位移，这部分位移一般在坝体总位移中占有相当大的比重，尤其是拱坝和连拱坝。在计算温度分量时，首先要知道变温场，即观测位移时的瞬时温度场减去初始位移时的初始温度场，在求得各温度计的变温值后，可以用有限元计算大坝任一观测点的温度位移，但是用这种方法计算工作量很大，如有 20 个温度计，为满足拟合精度，就要计算 $100\sim160$ 次。因此常引入单位温度和载常数。因为计算载常数 b_i 或 b_{1i}、b_{2i} 时，假设坝体材料的热力学参数 α_{c0}，所以引入调整系数 J，即

$$f_T(t) = J \sum_{i=1}^{m_2} T_i(t) b_i(x,y,z)$$

$$f_T(t) = J \sum_{i=1}^{m_2} \left[\overline{T}_i(t) b_{1i}(x,y,z) + \beta_i(t) b_{2i}(x,y,z)\right]$$

3. 时效分量 $f_\theta(t)$

有两种处理方法：①统计模式，前面统计模型中已经讨论；②用非线性有限元计算。由于影响时效位移的因素复杂，其不仅与混凝土的徐变和基岩的流变有关，而且还受基岩的地质构造和坝体裂缝等因素的影响。因此，目前一般采用统计模式。

综上所述，位移的确定性模型为

$$\delta = f_H(t) + f_T(t) + f_\theta(t)$$

4.3.2.3 混合模型

对于一些缺少足够的坝内温度资料的大坝，在建立模型时，温度因子同统计模型的温度因子，水压因子与确定性模型相同，用有限元计算求得，时效因子与统计模型相同。这样建立的模型即为混合模型。

以 E_c、E_r 和 E_b 都未知的情况进行阐述。坝体变形以及坝基和库区基岩变形引起坝体位移要单独计算，并分别给予调整参数。

1. 坝体变形的计算

设 $E_r = \infty$，$E_c = E_{c0}$。用有限元计算不同 H_i，得到 δ_{1H_i}，由多项式拟合，即

$$\delta_{1H} = \sum_{i=0}^{m_1} a_{1i} H^i$$

求得 a_{1i}。

$$f_{1H}(t) = X \delta_{1H} = X \sum_{i=0}^{m_1} a_{1i} H^i$$

2. 坝基变形引起的坝体变形的计算

设 $R_0 (= E_{r0}/E_{c0})$，用有限元计算 H_i，得到 δ'_{2H}，由多项式拟合，即

$$\delta'_{2H} = \sum_{i=0}^{m_1} a_{2i} H^i$$

求得 a_{2i}。设坝体位移近似等于 δ_{1H}。因此，得到基础变形所产生的坝体变形，即

$$\delta_{2H} = \sum_{i=0}^{m_1} (a_{2i} - a_{1i}) H^i$$

$f_{2H}(t)$ 应等于 δ_{2H} 与 R 的调整参数 Y 的乘积，即

$$f_{2H}(t) = Y \sum_{i=0}^{m_1} (a_{2i} - a_{1i}) H^i$$

3. 库区基岩变形引起的坝体变形

设库区基岩的弹性模量 E_{b0}，用有限元计算库水重作用在库区基岩上引起的坝体位移，即 $H_i \rightarrow \delta_{3H_i}$，由多项式拟合，即

$$\delta_{3H} = \sum_{i=0}^{m_1} a_{3i} H^i$$

求得 a_{3i}，同理可得

$$f_{3H}(t) = Z \sum_{i=0}^{m_1} a_{3i} H^i$$

因此，水压分量的表达式为

$$f_H(t) = X \sum_{i=0}^{m_1} a_{1i} H^i + Y \sum_{i=0}^{m_1} (a_{2i} - a_{1i}) H^i + Z \sum_{i=0}^{m_1} a_{3i} H^i$$

温度分量和时效分量用统计模式，因此混合模型的表达式为

$$\delta = X \delta_{1H} + Y \delta_{2H} + Z \delta_{3H} + \delta_T + \delta_\theta$$

施工和第一次蓄水阶段以前，采用确定性模型或混合模型为宜。到目前为止，确定性模型仅对混凝土变形分析取得较好的成果，而渗漏量、扬压力、应力等观测量的确定

性模型和混合模型有待进一步研究。为此，有较长时间的观测资料时，一般常用统计模型。

4.3.2.4　灰模型

灰理论是我国学者邓聚龙教授于 1982 年提出来的，近年来逐渐被引入到力学研究中，主要用于对力学系统的分析描述、建立数学模型及预测等。例如，在大坝的位移中存在弹性位移和随时间及荷载而变的非线性位移（俗称时效位移）两部分位移。其中，弹性位移主要受水压、温度等的影响，利用有限元等计算方法较易获得。但是，影响大坝时效变形的因素极为复杂，包括有混凝土、基岩的徐变及坝基的裂隙、节理等已知因素，还包括有混凝土老化和施工质量等许多未知因素。因此，大坝的位移是灰色的，大坝是一个极其复杂的灰色系统。相应的，这种系统的逆过程称之为灰色的逆过程。通过这种逆过程所获得的模型称为灰模型。下面对灰模型的类型和建立步骤分别给予阐述。

1. 灰模型的类型

一个 n 阶、k 个变量的 GM 模型，记为 $GM(n,h)$ 模型，不同的 n 与 h 的 GM 模型有不同的意义和用途，要求有不同的数据序列。灰色系统中常用模型如下：

（1）预测模型。其一般是 $GM(n,1)$ 模型，这里的 1 指一个变量。n 一般小于 3，n 越大，计算越复杂，而且精度并不高；当 $n=1$ 时，计算简单。$GM(1,1)$ 的表达式为

$$\frac{\mathrm{d}x^{(1)}}{\mathrm{d}t}+ax^{(1)}=\mu \tag{4-18}$$

其缺点是不能反映动态过程，但通过建立多次残差 $GM(1,1)$ 模型，对模型进行补充，就能反映动态情况。$GM(1,1)$ 模型是灰色预测的基础。

（2）状态模型。其不是一个孤立的 $GM(1,1)$ 模型，而是基于一系列相互关联的 $GM(1,h)$ 模型，即控制论中的状态模型，表示一种输入与输出关系，不是单个数列的变化，因此可作为系统综合研究或预测。利用其不但可以了解整个系统的变化，还可以了解系统中各个环节的发展变化。

$GM(1,h)$ 模型是反映其他 $h-1$ 个变量对某一变量的一阶导数的影响，但需要有 h 个时间序列数据，其形式为

$$\frac{\mathrm{d}x_1^{(1)}}{\mathrm{d}t}+ax^{(1)}=b_1x_2^{(1)}+b_2x_3^{(1)}+\cdots+b_{h-1}x_h^{(1)} \tag{4-19}$$

$GM(1,h)$ 模型虽然能反映变量 x_1 的变化规律，但是每一个时刻的 x_1 值都取决于其他变量在该时刻的值，如果其他变量 x_i（$i=2,3,\cdots,n$）的预测值没有求出，那么，x_1 的预测值也不能求得。所以在一般情况下，$GM(1,h)$ 模型适合于预测。$GM(1,1)$ 模型是预测本身数据的模型，适合预测用。$GM(1,1)$ 模型是 $GM(1,h)$ 模型（即 $h=1$ 时）的特例。

（3）静态模型。一般是指 $GM(0,h)$ 模型，这里的 $n=0$，表示不考虑变量的导数，只需了解各因素间的静态关系，所以是静态模型。其形式为

$$x_1^{(0)}(t)=\sum_{i=1}^{h-1}b_ix_{i+1}(t)+b_0$$

2. 灰色模型的建立

灰色关联度是表征两个事物关联程度的量度，常用面积关联度、相对速率关联度和斜

率关联度等计算。其中，斜率关联度因具有可处理数据中的负数和零，以及关联度的分辨率较高等优点而经常被采用。灰关联模型建模的基本原理是按照被影响因素与影响因素之间的关联度，逐步选取显著变量来建立灰色模型，通过拟合效果的检验即可建立较优 $GM(1，h)$ 模型。建立该模型的一般方法如下，考虑有等 n 个变量，有 m 个数列，即

$$x_i^{(0)} = [x_i^{(0)}(1), x_i^{(0)}(2), \cdots, x_i^{(0)}(n)], (i=1,2,\cdots,n)$$

（1）生成序列。对原始数列作一次累加（记为）得生成序列，即

$$x_i^{(0)}(k) = \sum_{i=1}^{k} x_i^{(0)}(0), (i=1,2,\cdots,n)$$

可建立 $GM(1，N)$ 模型，即

$$x_1^{(0)}(k) + a z_1^{(1)}(k) = b_2 x_2^{(1)}(k) + b_3 x_3^{(1)}(k) + \cdots + b_n x_n^{(1)}(k) \tag{4-20}$$

其中
$$z_1^{(1)}(k) = [x_1^{(1)}(k) + x_1^{(1)}(k-1)]/2$$

（2）计算关联度。设 $Y(t)$ 为效应量，$X_1(t)$ 为因变量，则

$$\xi_i(t) = \frac{1 + \left| \dfrac{1}{\overline{x}} \dfrac{\Delta x(t)}{\Delta t} \right|}{1 + \left| \dfrac{1}{\overline{x}} \dfrac{\Delta x(t)}{\Delta t} \right| + \left| \dfrac{1}{\overline{x}} \dfrac{\Delta x(t)}{\Delta t} - \dfrac{1}{\overline{y_i}} \dfrac{\Delta y_i(t)}{\Delta t} \right|}$$

其中
$$\overline{x} = \frac{1}{m} \sum_{i=1}^{m} x(t)$$

$$\overline{y_i}(t) = \frac{1}{m} \sum_{i=1}^{m} y_i(t)$$

式中　　$\xi_i(t)$ ——$Y(t)$ 与 $X_i(t)$ 在 t 时刻的灰色斜率关联系数；

　　$\overline{x}$、$\overline{y_i}(t)$ ——$X_i(t)$、$Y(t)$ 的均值；

$\dfrac{\Delta x(t)}{\Delta t}$、$\dfrac{\Delta y_i(t)}{\Delta t}$ ——$X_i(t)$、$Y(t)$ 在 t 到 Δt 的斜率。

最后求解关联度并排关联序，即

$$r_i = \frac{1}{m-1} \sum_{t=1}^{m-1} \xi_i(t), (i=1,2,\cdots,n; \quad t=1,2,\cdots,m-1)$$

按照计算的关联度的大小，即可排列因素间关联度的顺序，进而实现对显著变量的选择。

（3）求参数向量 $\hat{\alpha}$。记上述方程的参数列为 $\hat{\alpha}$，即 $\hat{\alpha} = [a, b_1, b_2, \cdots, b_{n-1}]^T$，其中 a 是 $GM(1，N)$ 的发展系数；b_i 是 x_i 的协调系数（$i=1,2,\cdots,n$）。按照最小二乘法可求解 $\hat{\alpha}$，根据 $y_n = B\hat{\alpha}$，得到

$$\hat{\alpha} = (B^T B)^{-1} B^T y_n$$

其中　　$B = \begin{bmatrix} -[x_1^{(1)}(1) + x_1^{(1)}(2)]/2 & x_2^{(1)}(2) & x_3^{(1)}(2) & \cdots & x_n^{(1)}(2) \\ -[x_1^{(1)}(2) + x_1^{(1)}(3)]/2 & x_2^{(1)}(3) & x_3^{(1)}(3) & \cdots & x_n^{(1)}(3) \\ \vdots & \vdots & \vdots & \vdots & \vdots \\ -[x_1^{(1)}(n-1) + x_1^{(1)}(n)]/2 & x_2^{(1)}(n) & x_3^{(1)}(n) & \cdots & x_n^{(1)}(n) \end{bmatrix}$

$$y_n = [x_1^{(0)}(2), x_1^{(0)}(3), \cdots, x_1^{(0)}(n)]^T$$

（4）建立 $GM(1，N)$ 模型，即

$$x_1^{(0)}(k)+az_1^{(1)}(k)=b_2 x_2^{(1)}(k)+b_3 x_3^{(1)}(k)+\cdots+b_n x_n^{(1)}(k)$$

（5）拟合度分析。首先计算实测值与计算值之间的绝对误差，即 $e(k)=y(k)-\hat{y}(k)$，然后计算几个具有最大绝对值的绝对误差之和的绝对误差的极差，即

$$error=\left\{\frac{1}{m}\sum_{i=1}^{m}\left[y(k)-\hat{y}(k)\right]^2\right\}^{1/2}$$

式中 m——利用关联度选择的因子个数。

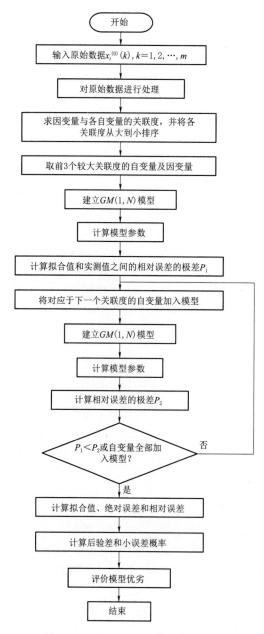

图 4-8　$GM(1,N)$ 模型的流程图

3. 程序流程

根据上述的 $GM(1,N)$ 模型的建模原理和相应的方法，编制相应的程序流程如图 4-8 所示。

4.3.2.5 神经网络模型

由于大坝在气候和荷载作用下的动态响应是极其复杂的，受诸多因素的影响。内在因素主要有地质条件及构造的高度非线性、筑坝材料及介质的各向异性，外在因素主要有水荷载、降雨量、温度等因素以及人类活动的影响。这些内在、外在因素相互耦合使得效应量与因子之间的关系表现出很强的非线性特征。人工神经网络具有高速的大规模并行处理特性、高度的非线性映射能力，以及高度的弄错性和鲁棒性，信息纯粹分布式特性等。利用神经网络的自组织、自适应、自学习的非线性映射能力，建立大坝安全监控的神经网络模型如下。

1. 神经元模型

生物神经元的信息处理包括两个阶段：①第一阶段是神经元接受信息流的加权阶段，称为聚合过程；②第二阶段是对聚合后信息流的线性、半线性、非线性函数的处理过程，称为活化过程。不同的信息处理函数反映了神经元处理复杂信息能力的差异。将神经元的信息处理过程采用数学方式进行描述，得到人工神经元的数学模型，如图 4-9 所示。

以上作用可以用数学公式表达，即

$$y_k=f(\cdot)=\varphi\left(\sum_{j=1}^{p}w_{kj}x_j-\theta_k\right)$$

式中 y_k ——神经元的输出；

$f(\cdot)$ ——神经元对输入信息的相应特性；

x_j ——第 j 个突触所对应的输入信息；

w_{kj} ——第 k 个突触的权值；

θ_k ——第 j 个阈值。

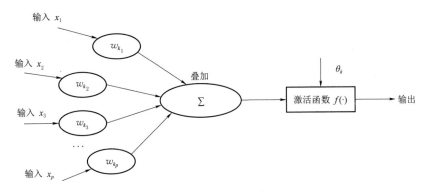

图 4 - 9 人工神经元数学模型

激活函数 $f(\cdot)$ 可根据需要选择不同的形式。通常的激励函数如图 4 - 10 所示。

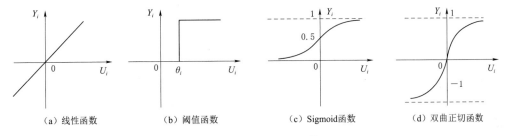

图 4 - 10 常用激活函数

（1）线性函数。其表达式为

$$y = f(x) = x$$

（2）阈值函数。其表达式为

$$f(x) = \begin{cases} 1, & x \geqslant 0 \\ 0, & x < 0 \end{cases}$$

（3）Sigmoid 函数（S 函数）。其表达式为

$$f(x) = \frac{1}{1 + e^{-\lambda x}}$$

（4）双曲正切函数。其表达式为

$$f(x) = \tan x$$

2. 经典 BP 神经网络

经典 BP 神经网络（Back-Propagation Network，简称 BP 网络）是一种采用误差反向

传播训练算法的多层前馈神经网络，是神经网络模型中应用最为广泛的一类。其采用一种单向多层结构，每一层包括若干个神经元，同一层的神经元之间没有关系，层间信息的传递一直沿一个方向进行。一般采用由左而右的方式描述这一结构，多层神经网络通常包括输入层、隐含层和输出层，BP 网络的结构如图 4-11 所示。

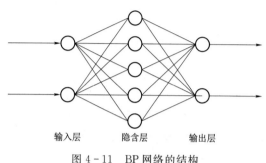

输入层　　　隐含层　　　输出层

图 4-11 BP 网络的结构

3. 大坝安全监控的 BP 神经网络算法

BP 算法整个网络的学习过程分为两个阶段，即输入数据的正向传播和误差的反向传播。当一对学习样本（输入层的神经元与模型因子对应，其数目等于因子数目，输出层就一个神经元与效应量对应）提供给网络后，神经元被激活，从输入层经隐含层向输出层传播，在输出层获得网络的输出值，将网络输出值与样本期望输出值进行比较，若他们之间的误差不能满足要求，则沿误差减小的方向，从输出层经隐含层逐层返回，并利用两者的误差按一定的原则对各节点的连接权值和阈值进行调整，使误差逐步减少，最后返回到输入层。这个过程反复进行，直至误差满足要求。

BP 算法对函数的逼近原理如下：设第 l 层神经元 j 到第 $l-1$ 层神经元的连权值为 $W_{ji}^{(l)}$，P 为当前学习的样本，$O_{P_i}^{(l-1)}$ 为 P 在样本下第 $l-1$ 层第 i 个神经元输出，$f(x)$ 为激励函数，则第 l 层第 j 个神经元的净输入 $net_{P_j}^{(l)}$ 为

$$net_{P_j}^{(l)} = \sum_{i=1}^{n} W_{jt}^{(l)} O_{P_i}^{(l-1)} - \theta_j^{(l)}$$

$$O_{P_i}^{(l)} = f_j \left[net_{P_j}^{(l)} \right]$$

式中　$O_{P_i}^{(l)}$——第 l 层第 j 个神经元的输出；

　　　$\theta_j^{(l)}$——阈值。

对于第 p 个样本，网络的输出误差 E_p 为

$$E_p = \frac{1}{2} \sum_{j=1}^{n} \left[t_{P_j} - O_{P_j}^{(l)} \right]^2$$

式中　t_{P_j}——输入的第 P 个样本的第 j 个神经元的理想输出；

　　　$O_{P_j}^{(l)}$——其实际输出。

在学习过程汇总，E_p 为使尽可能快地下降，可采用 δ 规则，即利用误差的负梯度来调整连接权值和阈值。基本思路是每次调整的权值增量 $\Delta PW_{ji}^{(l)}$ 应与梯度 $-\dfrac{\partial E}{\partial W_{ji}}$ 成比例。

则输出层（$l=2$）的校正误差为

$$\delta_{P_j}^{(2)} = (t_{P_j} - O_{P_j}^{(2)}) O_{P_j}^{(2)} \left[1 - O_{P_j}^{(2)} \right], \quad (j=1,2,\cdots,n)$$

输出层至隐含层权值及输出层阈值修正公式为

$$\Delta PW_{ji}^{(2)} = \eta \delta_{P_j}^{(2)} O_{P_j}^{(1)}$$

$$\Delta \theta_j^{(2)} = \eta \delta_{P_j}^{(2)}, \quad (i=1,2,\cdots,m; j=1,2,\cdots,n)$$

隐含层（$l=1$）的校正误差为

$$\delta_{P_i}^{(1)} = O_{P_i}^{(1)}(1 - O_{P_i}^{(1)})\sum_{k=1}^{n}\delta_{P_k}^{(2)}W_{ki}^{(2)}, \quad (i = 1, 2, \cdots, m)$$

隐含层至输入层权值及隐含层阈值修正公式为

$$\Delta PW_{ij}^{(1)} = \eta\delta_{P_i}^{(1)}O_{P_j}^{(0)}$$

$$\Delta\theta_i^{(1)} = \eta\delta_{P_i}^{(1)}, \quad (i = 1, 2, \cdots, m; j = 1, 2, \cdots, n)$$

由上述推导的公式可知，欲求隐含层输出误差 $\delta_{P_i}^{(1)}$，必须先确定输出层的误差 $\delta_{P_j}^{(2)}$，也就是说输出层至隐含层的权值修正值是在预先获得输出层误差的基础上求得的。因而此过程称为误差反向传播过程。

4. BP 算法存在的问题

基于 BP 算法的神经网络理论依据坚实，推导过程严谨，具有良好的通用性，有效地解决了许多问题，但也存在一些不足，其主要表现如下：

（1）算法收敛速度慢。通常需要成千上万次的迭代，而且随着学习样本维数的增加，网络性能变差，所以学习过程的速率选择是关键。若选得太小，收敛可能很慢，若选得太大，又可能出现麻痹现象。

（2）局部极小值点问题。BP 算法可以使网络权值收敛到一个解，但并不能保证所求为误差超平面的全局最小解，很可能是一个局部极小解。这是因为 BP 算法采用的是梯度下降法，训练是从某一起始点沿误差函数的斜面逐渐达到误差的最小值。对于复杂的网络，其误差函数为多维空间的曲面，因而在对其训练的过程中，可能陷入某一小谷区，而这一小谷区存在的是一个局部极小值。由此点向各方向变化均使误差增加，以至于使训练无法逃出这一局部极小值。

（3）网络对初始权值的选取较为敏感，初始权值的改变将影响网络的收敛速度和精度。

（4）网络中隐含层的层数和节点个数的选择尚无可靠的指导理论，大都采用试算的方法。

5. BP 算法的改进

BP 算法的改进大致可以分为三个方面：一是提高网络训练的速度；二是提高训练的进度；三是避免落入局部极小点。几种优化和改进方法如图 4-12 所示。

（1）基于标准梯度下降的方法。

1）附加动量法。附加动量法使网络在修正其权值时，不仅考虑误差在梯度上的作用，而且考虑在误差曲面上变化趋势的影响。其作用如同一个低通滤波器，允许网络忽略网络上微小变化特性。在没有附加动量的作用下，网络可能陷入潜在的局部极小值，利用附加动量的作用则可能滑过这些极小值。

该方法是在反向传播法的基础上在每一个权值的变化上加上一项正比于前次权值变化量的值，并根据反向传播法来产生新的权值变化，带有附加动量因子的权值调节公式为

$$\Delta W_{ij}(k+1) = (1 - mc)\eta\delta_i x_j + mc\Delta W_{ij}(k)$$

$$\Delta b_i(k+1) = (1 - mc)\eta\delta_i + mc\Delta b_i(k)$$

式中　W_{ij}——权值的增量；

　　　k——训练次数；

　　　mc——动量因子，一般取 0.90 左右；

η——学习效率；

δ——误差；

x——网络输入。

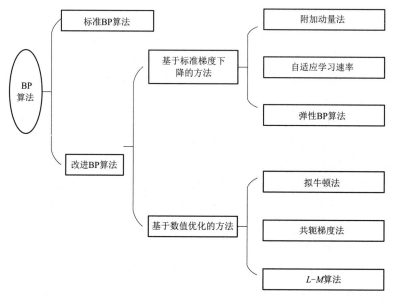

图 4 - 12　改进 BP 算法框图

　　附加动量法的实质是将最后一次的权值变化的影响，通过一个动量因子来传递。当动量因子取值为零时，权值的变化仅是根据梯度下降法产生，当动量因子取值为 1 时，新的权值变化则是设置为最后一次权值的变化。以此方式，当增加了动量项后，促使权值的调节向着误差曲面底部的平均方向变化，当网络权值进入误差曲面底部的平坦区时，δ_i 将变得很小，于是 $\Delta W_{ij}(k+1) \approx \Delta W_{ij}(k)$，从而防止了 $\Delta W_{ij}(k+1) \approx 0$ 的出现，有助于使网络从误差曲面的局部极小值跳出。

　　2）自适应学习速率。对一个特定的问题，要选择适当的学习效率比较困难。因为小的学习效率导致训练时间较长，而大的学习效率可能导致系统的不稳定。并且，对训练开始初期功效较好的学习效率，不一定对后来的训练合适。为了解决这个问题，在网络训练中采用自动调整学习效率的方法，即自适应学习效率法。自适应学习效率法的准则是：检查权值的修正值是否真正降低了误差函数，如果确实如此，则说明所选取的学习效率值小了，可以对其增加一个量；若不是这样，那么就应该减小学习效率的值。自适应学习效率的调整公式为

$$\eta(t+1)SSE = \begin{cases} 1.05\eta(k), & SSE(k+1) < SSE(k) \\ 0.7\eta(k), & SSE(k+1) > SSE(k) \\ \eta(k), & 其他 \end{cases}$$

其中
$$SSE = \sum_{i=1}^{n}(y_i - y_i'), (i = 1, 2, \cdots, n)$$

式中　η——学习效率；

t——训练次数；

SSE——误差函数；

y_i——学习样本的输出值；

y_i'——网络训练后 y_i 的实际输出值；

n——学习样本的个数。

3）弹性 BP 算法。BP 网络通常采用 S 型激活函数的隐含层。S 型函数常被称为"压扁"函数，其将一个无限的输入范围压缩到一个有限的输出范围，其特点是当输入很大时，斜率接近零，这将导致算法的梯度幅值很小，可能使得对网络权值修正过程几乎停顿下来。

弹性 BP 算法只取偏导数的符号，而不考虑偏导数的幅值。偏导数的符号决定权值更新方向，而权值变化的大小由一个独立的"更新值"确定。若在两次连续的迭代中，目标函数对某个权值的偏导数的符号不变号，则增大相应的"更新值"；若变号，则减小相应的"更新值"。在弹性 BP 算法中，当训练发生振荡时，权值的变化量将减少；当在几次迭代过程中权值均朝一个方向变化时，权值的变化量将增大。

（2）基于数值优化的方法。采用基于数值优化方法的算法对 BP 网络的权值进行训练，可以描述为

$$f[x^{(k+1)}]=\min_{\eta}f[x^{(k)}]+\eta^{(k)}S[x^{(k)}]$$
$$x^{(k+1)}=x^{(k)}+\eta^{(k)}S[x^{(k)}]$$

式中 $x^{(k)}$ ——网络所有的权值和偏置值组成的向量；

$S[x^{(k)}]$ ——x 的分量组成的向量空间中的搜索方向；

$\eta^{(k)}$ ——$S[x^{(k)}]$ 的方向上，使 $f[x^{(k+1)}]$ 达到极小的步长。

网络权值的寻优分为两步：①确定当前迭代的最佳搜索方向 $S[x^{(k)}]$；②在此方向上寻求最优迭代步长。下面介绍三种不同最优搜索方向 $S[x^{(k)}]$ 的选择。

1）拟牛顿法。拟牛顿法是一种常见的快速优化方法，利用了一阶和二阶导数信息，其基本形式如下：

第一次迭代的搜索方向确定为负梯度方向，即搜索方向 $S[x^{(0)}]=-\nabla f[x^{(0)}]$，以后各迭代搜索方向为

$$S[x^{(k)}]=-[H^{(k)}]^{-1}\nabla f[x^{(k)}]$$
$$x^{(k+1)}=x^{(k)}-\eta^{(k)}S[x^{(k)}]=x^{(k)}-\eta^{(k)}[H^{(k)}]^{(-1)}\nabla f[x^{(k)}]$$

其中

$$H^{(k)}=H^{(k+1)}+\frac{\nabla f[x^{(k-1)}]\nabla f[x^{(k)}]^T}{\nabla f[x^{(k-1)}]^T\nabla S[x^{(k-1)}]}+\frac{dgxdgx^T}{dgx^T\eta^{(k-1)}S[x^{(k-1)}]}$$
$$dgx=\nabla f[x^{(k)}]-\nabla f[x^{(k-1)}]$$

式中 $H^{(k)}$ ——海森矩阵。

2）共轭梯度法。共轭梯度法的第一步沿负梯度方向进行搜索，然后沿当前搜索方向的共轭方向搜索，可以迅速达到最优值。其过程描述如下：

第一次迭代的搜索方向确定为负梯度方向，即搜索方向 $S[x^{(0)}]=-\nabla f[x^{(0)}]$，以后各次迭代的搜索方向为

$$S[x^{(k)}]=-\nabla f[x^{(k)}]+\beta^{(k)}S[x^{(k-1)}]$$
$$x^{(k)}=x^{(k)}+\eta^{(k)}S[x^{(k)}]$$

根据 $\beta^{(k)}$ 所取形式的不同，可构成不同的共轭梯度法。常用的两种形式为

$$\beta^{(k)} = \frac{g_k^T g_k}{g_{k-1}^T g_{k-1}}$$

$$g_k = \nabla f[x^{(k)}]$$

通常搜索方向 $S[x^{(k)}]$ 在迭代过程中以一定的周期复位到负梯度方向，周期一般为网络中所有的权值和偏差的总数目。

共轭梯度法比绝大多数常规的梯度下降法收敛要快，而且只需要增加很少的存储量及计算量。因而，对于权值很多的网络采用共轭梯度法不失一个较好的选择。

3）$L-M$ 算法。采用基于非线性最小二乘法的 Levenberg - Marquardt 算法（以下简称为 $L-M$ 算法），该算法是梯度下降法和牛顿法的结合。

令 $u=[u_1,u_2,\cdots,u_m]^T$，$y=[y_1,y_2,\cdots,y_n]^T$ 分别为网络的输入、输出向量；$w=[w_1,w_2,\cdots,w_n]^T$ 为网络的权值及阈值的全体所组成的向量，给定 P 组输入输出训练样本 $\{(u^{(p)},t^{(p)})\mid p=1,2,\cdots,P\}$，定义网络的误差指标函数为

$$E(x) = \frac{1}{2P}\sum_{p=1}^{p} E_p(X)$$

$$E_p(x) = \frac{1}{2P}\sum_{j=1}^{n}[y_j^{(p)}-t_j^{(p)}]^2$$

目标是得到最优 X_{opt}，使得

$$E(X_{opt}) = \min_{X} E(X) = \frac{1}{2P}\sum_{p=1}^{p} E_p(X)$$

如果将上面的公式改写为

$$\min F(X) = \sum_{i=1}^{M} f_i^2(X)$$

$$f_i(X) = y_j^{(p)}-t_j^p$$

$$f_i(X) = y_j^{(p)}-t_j^{(p)}$$

则 $L-M$ 算法的一般步骤可简述如下：

(1) 给定初始点 $X^{(0)}$，精度 ε_0，$k=0\sim t_k$。

(2) 对 $i=1,2,\cdots,M$，求 $f_i[X^{(k)}]$，得向量 $f[X^{(k)}]=\{f_1[X^{(k)}],\cdots,f_M[X^{(k)}]\}^T$，对 $i=1,2,\cdots,M$，$j=1,2,\cdots,N$，求 $J_{ij}[X^{(k)}]=\partial f_i[X^{(k)}]/\partial X_j$，得 Jacobi 矩阵：$J[X^{(k)}]=\{J_{ij}[X^{(k)}]\}$。

(3) 解线性方程组 $\{J[X^{(k)}]^TJ[X^{(k)}]+t_kI\}d^{(k)}=-J[X^{(k)}]^Tf[X^{(k)}]$，求出搜索方向 $d^{(k)}$。

(4) 直线搜索，$X^{(k+1)}=X^{(k)}+\lambda_k d^{(k)}$，其中 λ_k 满足：$F[X^{(k)}+\lambda_k d^{(k)}]=\min_{\lambda} F[X^{(k)}+\lambda d^{(k)}]$

(5) $\parallel X^{(k+1)}-X^{(k)}\parallel<\varepsilon$，则得到解 X_{opt}，停止计算；否则转向 (6)。

(6) 若 $F[X^{(k+1)}]<F[X^{(k)}]$，则令 $t_k=t_k/2$，$k=k+1$，转向 (2)；否则令 $t_k=2t_k$，转向 (3)。

6. 大坝安全监控的 BP 网络的优化设计

（1）隐含层及隐含层神经元节点数的确定。对于任何复杂的函数，人工神经网络几乎都可以映射到很高的精度，但对于大坝复杂的实际问题，要想达到较高的精度，需要做技巧处理。

隐含层神经元节点数的选择是人工神经网络设计的最为关键的步骤，直接影响网络对大坝效应量复杂问题的映射能力。对于大坝安全监控的神经网络模型，建议采用以下步骤来建立神经网络模型并试算隐含层神经元数：①开始使用很少的隐含层神经元数；②进行网络训练和测试；③不断增加隐含层神经元数；④比较不同方案的训练和测试结果，选取合适的隐含层神经元数。

（2）训练样本数据的预处理。由于大坝安全监测神经网络的多维输入样本属于不同的量纲，为了避免量级上的差别影响网络的识别精度，对各输入的数值都转换到 $0\sim1$ 之间，即进行归一化处理。

数据的预处理方法主要有标准化、重新定标法、变换法和比例放缩法等。最为常见的比例压缩法公式为

$$T = T_{\min} + \frac{T_{\max} - T_{\min}}{X_{\max} - X_{\min}}(X - X_{\min})$$

式中　　X——原始数据；

$X_{\max}$、$X_{\min}$——原始数据的最大值和最小值；

　　　　T——变换后的数据，也称为目标数据；

$T_{\max}$、$T_{\min}$——目标数据的最大值和最小值，其取值通常为 $0.1\sim0.2$ 和 $0.8\sim0.9$。

网络运行后，数据的还原公式为

$$X = X_{\min} + \frac{X_{\max} - X_{\min}}{T_{\max} - T_{\min}}(T - T_{\min})$$

4.3.3　数据聚类分析

聚类是按照某个特定标准（如距离）把一个数据集分割成不同的类或簇，使得同一个簇内的数据对象的相似性尽可能大，同时不在同一个簇中的数据对象的差异性也尽可能地大。即聚类后同一类的数据尽可能聚集到一起，不同类数据尽量分离。聚类和分类是有区别的：聚类是指把相似的数据划分到一起，具体划分的时候并不关心这一类的标签，目标就是把相似的数据聚合到一起，聚类是一种无监督学习方法；分类是把不同的数据划分开，其过程是通过训练数据集获得一个分类器，再通过分类器去预测未知数据，分类是一种监督学习方法。

聚类的一般过程如下：

（1）数据准备。特征标准化和降维。

（2）特征选择。从最初的特征中选择最有效的特征，并将其存储在向量中。

（3）特征提取。通过对选择的特征进行转换形成新的突出特征。

（4）聚类。基于某种距离函数进行相似度度量，获取簇。

（5）聚类结果评估。分析聚类结果，如距离误差和 SSE 等。

通常，数据聚类方法划分类型为划分式聚类方法、基于密度的聚类方法等。

1. 划分式聚类方法

划分式聚类方法需要事先指定簇类的数目或者聚类中心，通过反复迭代，直至最后达到"簇内的点足够近，簇间的点足够远"的目标。经典的划分式聚类方法有 k-means 及其变体 k-means++、bi-kmeans、kernel k-means 等。

（1）k-means 算法。k-means 算法是根据给定的 n 个数据对象的数据集，构建 k 个划分聚类的方法每个划分聚类即为一个簇。该方法将数据划分为 k 个簇，每个簇至少有一个数据对象，每个数据对象必须属于而且只能属于一个簇；同时要满足同一簇中的数据对象相似度高，不同簇中的数据对象相似度较小。聚类相似度是利用各簇中对象的均值来进行计算的。

随机地选择 k 个数据对象，每个数据对象代表一个簇中心，即选择 k 个初始中心；对剩余的每个对象，根据其与各簇中心的相似度（距离），将其赋给与其最相似的簇中心对应的簇，然后重新计算每个簇中所有对象的平均值，作为新的簇中心。不断重复这个过程，直到准则函数收敛，也就是簇中心不发生明显的变化。通常采用均方差作为准则函数，即最小化每个点到最近簇中心的距离的平方和。

新的簇中心计算方法是计算该簇中所有对象的平均值，也就是分别对所有对象的各个维度的值求平均值，从而得到簇的中心点。例如，一个簇包括以下 3 个数据对象 {(6，4，8)，(8，2，2)，(4，6，2)}，则这个簇的中心点就是[(6+8+4)/3,(4+2+6)/3,(8+2+2)/3]=(6,4,4)。

k-means 算法使用距离来描述两个数据对象之间的相似度。距离函数有明式距离、欧氏距离、马式距离和兰氏距离，其中最常用的是欧氏距离。k-means 算法是当准则函数达到最优或者达到最大的迭代次数时即可终止。当采用欧氏距离时，准则函数一般为最小化数据对象到其簇中心的距离的平方和，即

$$\min \sum_{i=1}^{k} \sum_{x \in C_i} dist(c_i, x)^2$$

（2）k-means++ 算法。k-means++ 是针对 k-means 中初始质心点选取的优化算法。该算法的流程和 k-means 类似，改变的地方只有初始质心的选取，该部分的算法流程如下：

k-means++初始质心选取优化算法
步骤 1：随机选取一个数据点作为初始的聚类中心
步骤 2：当聚类中心数量小于 k 时
步骤 3：计算每个数据点与当前已有聚类中心的最短距离，用 $D(x)$ 表示，这个值越大，表示被选取为下一个聚类中心的概率越大，最后使用轮盘法选取下一个聚类中心

（3）bi-kmeans 算法。一种度量聚类效果的指标是 SSE（Sum of Squared Error），表示聚类后的簇离该簇的聚类中心的平方和，SSE 越小，表示聚类效果越好。bi-kmeans 是针对 kmeans 算法会陷入局部最优的缺陷进行的改进算法。该算法基于 SSE 最小化的原理，首先将所有的数据点视为一个簇，然后将该簇一分为二，之后选择其中一个簇继续进

行划分，选择哪一个簇进行划分取决于对其划分是否能最大程度地降低 SSE 的值。

---

bi – kmeans 算法

步骤 1：将所有点视为一个簇

步骤 2：当簇的个数小于 k 时

　步骤 2 – 1：对每一个簇

　　步骤 2 – 1 – 1：计算总误差

　　步骤 2 – 1 – 2：在给定的簇上面进行 k – means 聚类（$k = 2$）

　　步骤 2 – 1 – 3：计算将该簇一分为二之后的总误差

　步骤 2 – 2：选取使得误差最小的那个陈金星划分操作

---

2. 基于密度的聚类方法

（1）DBSCAN（Density-Based Spatlal Clustering of Apphcations with Noise）算法。

考虑集合 $X = \{x^{(1)}, x^{(2)}, \cdots, x^{(n)}\}$，$\varepsilon$ 表示定义密度的领域半径，设聚类的领域密度阈值为 M，有以下定义：

1）ε 领域。其表达式为

$$N_\varepsilon(x) = \{y \in X \mid d(x, y) < \varepsilon\}$$

2）密度。x 的密度为

$$\rho(x) = |N_\varepsilon(x)|$$

3）核心点：设 $x \in X$，$\rho(x) \geqslant M$，则称 x 为 X 的核心点，记 X 中所有核心点构成的集合为 X_c，记所有非核心点构成的集合为 X_{nc}。

4）边界点。若 $x \in X_{nc}$，且 $\exists y \in X$，满足 $y \in N_\varepsilon(x) \bigcap X_c$，即 x 的 ε 领域中存在核心点，则称 x 为 X 的边界点，记 X 中所有的边界点构成的集合为 X_{bd}。此外，边界点也可定义如下：若 $x \in X_{nc}$，且 x 落在某个核心点的 ε 邻域内，则称 x 为 X 的一个边界点，一个边界点可能同时落入一个或多个核心点的 ε 邻域。

5）噪声点（noise-point）。若 x 满足 $x \in X$，$x \notin X_c$ 且 $x \notin X_{bd}$，则称 x 为噪声点。

该算法的流程如下：

DBSCAN 算法

步骤 1：标记所有对象为 unvisited

步骤 2：当有标记对象时

　步骤 2 – 1：随机选取一个 unvisited 对象 p

　步骤 2 – 2：标记 p 为 visited

　步骤 2 – 3：如果 p 的 ε 领域内至少有 M 个对象，则

　　步骤 2 – 3 – 1：创建一个新的簇 C，并把 p 放入 C 中

　　步骤 2 – 3 – 2：设 N 是 p 的 ε 领域内的集合，对 N 中的每个点 p'

　　　步骤 2 – 3 – 2 – 1：如果点 p' 是 unvisited

　　　　步骤 2 – 3 – 2 – 1 – 1：标记为 visited

　　　　步骤 2 – 3 – 2 – 1 – 2：如果 p' 的 ε 领域至少有 M 个对象，则把这些点添加到 N

　　　　步骤 2 – 3 – 2 – 1 – 3：如果 p' 还不是任何簇的成员，则把 p' 添加到 C

　　步骤 2 – 3 – 3：保存 C

　步骤 2 – 4：否则标记 p 为噪声

一般来说，DBSCAN 算法特点为：①需要提前确定 ε 和 M 值；②不需要提前设置聚

类的个数；③对初值选取敏感，对噪声不敏感；④对密度不均的数据聚合效果不好。

（2）对点排序以此来确定簇结构算法（Ordering Points to identity the clustering structure，OPTICS）。在 DBSCAN 算法中，使用了统一的 ε 值，当数据密度不均匀的时候，如果设置了较小的 ε 值，则较稀疏的簇中的节点密度会小于 M，会被认为是边界点而不被用于进一步的扩展；如果设置了较大的 ε 值，则密度较大且离的比较近的簇容易被划分为同一个簇。对于密度不均的数据选取一个合适的 ε 是很困难的；对于高维数据，由于维度灾难（Curse of dimensionality），ε 的选取将变得更加困难。OPTICS 算法实际上是 DBSCAN 算法的一种有效扩展，主要解决对输入参数敏感的问题。即选取有限个邻域参数 ε_i（$0 \leqslant \varepsilon_i \leqslant \varepsilon$）进行聚类，这样就能得到不同邻域参数下的聚类结果。

1）核心距离（core-distance）。样本 $x \in X$，对于给定的 ε 和 M，使得 x 成为核心点的最小领域半径称为 x 的核心距离，其表达式为

$$cd(x) = \begin{cases} UNDEFINED, & |N_\varepsilon(x)| < M \\ d[x, N_\varepsilon^M(x)], & |N_\varepsilon(x)| \geqslant M \end{cases}$$

其中 $N_\varepsilon^M(x)$ 表示在集合 $N_\varepsilon(x)$ 中与节点 x 第 i 近邻的节点，如 $N_\varepsilon^1(x)$ 表示 $N_\varepsilon(x)$ 中与 x 最近的节点，如果 x 为核心点，则必然会有 $cd(x) \leqslant \varepsilon$。

2）可达距离（reachability-distance）。设 $x, y \in X$，对于给定的参数 ε 和 M，y 关于 x 的可达距离定义为

$$rd(x, y) = \begin{cases} UNDEFINED, & |N_\varepsilon(x)| < M \\ \max\{cd(x), d(x, y)\}, & |N_\varepsilon(x)| \geqslant M \end{cases}$$

特别地，当 x 为核心点时，可以按照下式来理解 $rd(x, y)$ 的含义，即

$$rd(x, y) = \min\{\eta : y \in N_\eta(x) \text{且} |N_\eta(x)| \geqslant M\}$$

即 $rd(x, y)$ 表示使得 "x 为核心点" 且 "y 从 x 直接密度可达" 同时成立的最小领域半径。

可达距离的意义在于衡量 y 所在的密度，密度越大，他从相邻节点直接密度可达的距离越小，如果聚类时想要朝着数据尽量稠密的空间进行扩张，那么可达距离最小是最佳的选择。算法流程如下：

OPTICS算法

步骤 1：标记所有对象为 unvisited，初始化 order_list 为空

步骤 2：当有标记对象时

    步骤 2-1：随机选取一个 unvisited 对象 i

    步骤 2-2：标记 i 为 visited，插入结果序列 order_list 中

    步骤 2-3：当 seed_list 列表不为空

        步骤 2-3-1：按照可达距离升序取出 seed_list 中第一个元素 j

        步骤 2-3-2：标 j 记为 visited，插入结果序列 order_list 中

        步骤 2-3-3：如果 j 的 ε 领域内至少 M 有 M 个对象，则

            步骤 2-3-3-1：调用 insert_list（），将领域对象中未被访问的节点按照可达距离插入队列 seed_list

                步骤 2-3-3-1-1：对 i 中所有的领域点 k

                步骤 2-3-3-1-2：如果 k 未被访问过

上述算法中有一个很重要的 insert ＿ list（）函数，这个函数如下：

---

insert ＿ list（）函数

步骤 1：计算 rd（k，i）

步骤 2：如果 $rk = UNDEFINED$

步骤 2－1：$rk = rd$（k，i）

步骤 2－2：将节点 k 按照可达距离插入 seed ＿ list 中

步骤 3：否则

步骤 3－1：如果 $rd(k，i) < r_k$

步骤 3－2：更新 r_k 的值，并按照可达距离重新插入 seed ＿ list 中

4.3.4 数据分类分析

分类是数据挖掘中应用领域极其广泛的重要技术之一，至今已经提出很多算法。分类是根据数据集的特点构造一个分类器，利用分类器对未知类别的数据集赋予类别的一种技术。在其学习过程中和无监督的聚类相比，分类技术假定存在具备环境知识和输入输出样本集知识的老师，但环境及其特性、模型参数等却是未知的。主要的数据分类方法有以下几种。

1. 基于关联规则（Classification Based on Association Rule，CBA）的分类算法

该算法的构造分类器可分为两步：第一步要发现所有右侧均为类别属性值的关联规则；第二步要选择高优先度的规则来覆盖训练集，即若有多条关联规则的左侧均相同，而右侧为不同的类时，则选择具有最高置信度的规则作为可能规则。CBA 算法主要是通过发现样本集中的关联规则来构造分类器。关联规则的发现采用经典算法 Apriori，通过迭代检索出数据集中所有的频繁项集，即支持度不低于用户设定阈值的项集。此算法的优点是发现的规则相对较全面且分类准确度较高，其缺点是：①当潜在频繁 2 项集规模较大时，算法会受到硬件内存的制约，导致系统 I/O 负荷过重；②由于对数据的多次扫描和 JOIN 运算所产生潜在频繁项集，Apriori 算法的时间代价高昂。

针对 Apriori 算法的缺陷，LIG（large items generation）算法在求解频繁 1 项集的同时计算相应项的相关区间，以此得到缩小后的项集的潜在频繁 2 项集。频繁模式增长（EP）算法放弃利用潜在频繁项集求解频繁项集的做法，进而提出频率增长算法。该算法通过扫描数据集得到频繁项的集合以及各项支持度，并按支持度大小降序排列频繁项目列表，然后通过构造一个 FP－树来进行关联规则挖掘。其优点是：①在完备性方面，其不会打破任何模式且包含挖掘所需的全部信息；②在紧密性方面，其能剔除不相关信息，并不包含非频繁项，故支持度高的项在 FP－树中共享机会也高。该算法比 Apriori 快一倍，但当数据集过大时，所构建的 FP-树仍受内存制约。

2. K 近邻（KNN）分类算法

KNN 方法基于类比学习，是一种非参数的分类技术，在基于统计的模式识别中非常有效，并对未知和非正态分布可取得较高的分类准确率，具有鲁棒性、概念清晰等优点。其基本原理为：KNN 分类算法搜索样本空间，计算未知类别向量与样本集中每个向量的相似度值，在样本集中找出 K 个最相似的文本向量，分类结果为相似样本中最多的一类。

但在大样本集和高维样本分类中（如文本分类），KNN 方法的缺陷也得以凸显。首先，KNN 是懒散的分类算法，对于分类所需的计算均推迟至分类进行，故在其分类器中存储有大量的样本向量。在未知类别样本需要分类时，在计算所有存储样本和未知类别样本的距离时，高维样本或大样本集所需要的时间和空间的复杂度均较高。其次，KNN 算法是建立在 VSM 模型上的，其样本距离测度使用欧式距离。若各维权值相同，即认定各维对于分类的贡献度相同，显然这不符合实际情况。基于上述缺点，也采用了一些改进算法：当样本数量较大时，为减小计算，可对样本集进行编辑处理，即从原始样本集中选择最优的参考子集进行 KNN 计算，以减少样本的存储量和提高计算效率。截至目前，其中最主要的方法有：①近邻规则浓缩法，其编辑处理的结果是产生一个样本集的子集，然后在子集上进行 KNN 算法的计算；②产生或者修改原型法，这种方法包括建立一个原型和在原始训练样本集中调整几个有限的数据，其中多数情况下采用神经网络技术；③多重分类器的结合法，即由几个神经网络组成一个分类器，其每个神经网络都担当一个 1 -最近邻分类器的作用，对其中一个子集进行 1 -最近邻计算，而这个子集基于 Hart's 方法产生。

各维权重对于相等 BP 神经网络可用于计算各维权值，此方法虽然利用了神经网络的分类和泛化能力，但存在以下缺点：①BP 神经网络学习算法本身存在一些不足；②在其测算属性权值时，需逐个删除输入节点，但每次删除均可能需要重新强化 BP 神经网络训练，故对于高维或大量的样本，计算量过大。也有人使用最佳变化梯度来求证每个属性的权重，但对于非线形的 KNN 算法，尤其当最佳函数存在多个局部最小值时，线形的梯度调整很难保证方法的收敛性。

3. 决策树分类算法

决策树是以实例为基础的归纳学习算法。它是一种从一组无次序、无规则的事例中推理出决策树形式的分类规则。它采用自顶向下的递归方式，对决策树内部的节点进行属性值比较，并根据不同属性值来判断该节点向下的分支。但在建立决策树的过程中需要设置停止增长条件，以使决策树能在适当的时候停止生长。同时，还要考虑把决策树修剪到合适的尺寸，并尽量保持决策树的准确度。

在基于决策树的分类算法中，ID3（C4.5）是较早的决策树分类算法，其后又出现多种改进算法，其中 SLIQ 和 SPRINT 算法最具代表性。

（1）ID3（C4.5）分类算法。Quinlan 提出的 ID3 学习算法通过选择窗口来形成决策树，其利用的是信息论中的互信息或信息增益理论来寻找具有最大信息量属性而建立决策树节点的方法，并在每个分支子集重复这个过程。该方法的优点是描述简单、分类速度快、产生的分类规则易于理解。但此算法抗噪性差，训练正例和反例较难控制。C4.5 分类算法后来虽得到改进，但仍存在算法低效问题，故不能进行增量学习。

（2）SLIQ 分类算法。针对 C4.5 改进算法而产生的样本集反复扫描和排序低效问题，SLIQ 分类算法运用了预排序和广度优先两项策略。预排序策略消除了结点数据集排序，广度优先策略为决策树中每个叶子结点找到了最优分裂标准。SLIQ 算法由于采用了上述两项技术使其能处理比 C4.5 大得多的样本集；但由于所需内存较多，这在一定程度上限制了可以处理的数据集的大小；预排序技术也使算法性能不能随记录数目进行线性扩展。

（3）SPRINT 分类算法。为了减少驻留于内存的数据量，SPRINT 算法进一步改进了决策树算法的数据结构，去掉在 SLIQ 中需要驻留于内存的类别列表，将类别合并到每个属性列表中。这样，在遍历每个属性列表中寻找当前结点的最优分裂标准时，不必参照其他信息，使寻找每个结点的最优分裂标准变得相对简单，但缺点是对非分裂属性的属性列表进行分裂变得却非常困难，因此，此算法的可扩展性较差。

此外，基于决策树的主要改进算法还包括 EC4.5、CART 、PUBLIC 等。

4. 贝叶斯分类算法

贝叶斯分类是统计学分类方法，是一类利用概率统计进行分类的算法，此算法利用 Bayes 定理来预测一个未知类别的样本的可能属性，可选择其可能性最大的类别作为该样本的类别。在许多场合，朴素贝叶斯（Naive Bayes）分类算法可以与决策树和神经网络分类算法相媲美。但贝叶斯定理假设一个属性对给定类的影响独立于其他属性，但此假设在实际情况中经常不成立，因此影响了其分类的准确率。为此，也出现了许多降低独立性假设的贝叶斯改进分类算法，如 TAN（Tree Augmented Bayes Network）算法。

TAN 算法通过发现属性对之间的依赖关系来降低朴素贝叶斯算法中任意属性之间独立的假设，通过在朴素贝叶斯网络的基础上增加属性对之间的关联来实现。其方法是：用结点表示属性，用有向边表示属性之间的依赖关系，把类别属性作为根结点，其余所有属性都作为子节点。属性 $A[, i]$ 与 $A[, j]$ 之间的边意味着属性 $A[, i]$ 对类别变量 C 的影响取决于属性 $A[, j]$。TAN 算法考虑了 n 个属性中两两属性间的关联性，对属性之间独立性的假设有了一定程度的降低，但没有考虑属性之间可能存在更多的其他关联性，因此，其适用范围仍然受到限制。

此外，还出现了贝叶斯信念网络、半朴素贝叶斯算法、BAN 算法等多种改进算法。但贝叶斯分类算法学习是很困难的，有研究已经证明其学习属于 NP-complete 问题。

5. 遗传算法

遗传算法在解决多峰值、非线性、全局优化等高复杂度问题时具备独特优势，是以基于进化论原理发展起来的高效随机搜索与优化方法。其以适应值函数为依据，通过对群体、个体施加遗传操作来实现群体内个体结构的优化重组，在全局范围内逼近最优解。遗传算法综合了定向搜索与随机搜索的优点，避免了大多数经典优化方法基于目标函数的梯度或高阶导数而易陷入局部最优的缺陷，可以取得较好的区域搜索与空间扩展的平衡。在运算时随机的多样性群体和交叉运算有利于扩展搜索空间；随着高适应值的获得，交叉运算有利于在这些解周围探索。遗传算法由于通过保持一个潜在解的群体进行多方向的搜索而有能力跳出局部最优解。

遗传算法的应用主要集中在分类算法等方面。其基本思路为：数据分类问题可看成是在搜索问题，数据库看作是搜索空间，分类算法看作是搜索策略。因此，应用遗传算法在数据库中进行搜索，对随机产生的一组分类规则进行进化，直到数据库能被该组分类规则覆盖，从而挖掘出隐含在数据库中的分类规则。应用遗传算法进行数据分类，首先要对实际问题进行编码；然后定义遗传算法的适应度函数，由于算法用于规则归纳，因此，适应度函数由规则覆盖的正例和反例来定义。1978 年 Holland 实现了第一个基于遗传算法的机器学习系统 CS - 1（Cognitive System level one），其后又提出了桶队（Bucket Brigade）算法。1981年Smith实现了与CS-1有重大区别的分类器LS-1，以此为基础，研究人员又提出了基于遗传算法的分类系统，如GCLS（Genetic Classifier Learning System）等算法。

6. 模糊逻辑

模糊逻辑是研究模糊现象的数学；模糊数学的最基本概念是隶属函数，即以一个值域在［0，1］之间的隶属函数来描述论域中对象属于某一个类别的程度，并以此为基础确定模糊集的运算法则、性质、分解和扩展原理、算子、模糊度、模糊集的近似程度等度量概念和算法。

分类操作离不开向量相似程度的计算，而模糊分类操作也需要向量模糊相似系数的计算。在模糊分类方法中，首先要建立模糊相似矩阵，表示对象的模糊相似程度，其元素称为模糊相似系数，其确定方法主要有：数量积法、夹角余弦法、相关系数法、最大最小法、算术平均最小法、几何平均最小法、绝对值指数法、指数相似系数法、绝对值倒数法、绝对值减数法、参数法、贴近度法等。

模糊分类方法可以很好地处理客观事务类别属性的不明确性，主要包括传递闭包法、最大树法、编网法、基于摄动的模糊方法等；但更多的是将模糊方法和其他分类算法结合起来，既有与传统分类算法（如模糊决策树、模糊关联规则挖掘等）的结合，也有与软计算在内其他方法（如模糊神经网络等）的结合。

7. 神经网络

神经网络是分类技术中重要方法之一，其优势在于：①神经网络可以任意精度逼近任意函数；②神经网络方法本身属于非线形模型，能够适应各种复杂的数据关系；③神经网络具备很强的学习能力，使其能够比很多分类算法更好地适应数据空间的变化；④神经网络借鉴人脑的物理结构和机理，能够模拟人脑的某些功能，具备"智能"的特点。基于神经网络的分类方法很多，基本是按照神经网络模型的不同而进行区分，用于数据分类常见的神经网络模型包括：BP神经网络、径向基函数（RBF）神经网络、自组织特征映射（SOFM）神经网络、学习矢量化（LVQ）神经网络。目前神经网络分类算法研究较多集中在以BP为代表的神经网络上。

（1）BP神经网络。BP学习算法采用倒推学习算法，是从输出层向输入层逐层倒推的学习过程，一般按梯度算法进行权重的调整。有学者对BP神经网络和其他分类技术进行比较，认为BP神经网络能适应于大多数实际问题。但以BP为代表的这一类神经网络也存在一些缺陷，如这类神经网络只适用于平稳环境，学习算法计算的费用较高，不具备自学能力，不能进行快速学习、记忆以及学习能力之间存在冲突等问题，虽有多种改进算法，但仍不能从根本上解决这些问题。另外，此类神经网络借鉴了人脑的物理结构，存储在神经网络中的知识往往以连接权值的形式表现出来，这种形式本身很难理解，因而，此类神经网络也曾被比喻为黑箱模型。基于BP神经网络对多种分类规则黑箱提取算法进行了研究。

（2）RBF神经网络。Cover定理证明了低维空间不可分的复杂模式有可能在高维空间变得线性可分，以此为基础，Broomhead和Lowe提出了（RBF）神经网络模型，此神经网络模型利用差值在高维空间进行分类操作。基本的RBF神经网络一般只有一个隐含层，隐含层对输入层进行非线形变换，而输出层则提供从隐含层到输出层的线性变换。这种神经网络对训练模式的表示阶数有较低的敏感性，但 Wong 认为 RBF 对于学习映射的高频部分难度较大。

（3）SOFM 神经网络。

（4）受生物系统视网膜皮层生物特性和大脑皮层区域"有序特征映射"的影响，Kohonen 提出了自组织特征映射神经网络（SOFM），这种网络在网络输出层具备按照几何中心或者特征进行聚合的独特性质。其由输入层和竞争层构成，竞争层由一维或者二维阵列的神经元组成，输入层和竞争层之间实现全连接。通过在竞争学习过程中动态改变活性泡大小，该结构具备拓扑结构保持、概率分布保持、可视化等诸多优点。经典 SOFM 神经网络可以用于聚类或者分类，但其竞争层神经元个数要求事先指定，这种限制极大地影响了其在实际中的使用。针对此不足，研究人员又提出了动态自组织特征映射神经网络，最具有代表性的是 D. Alahakoon 等提出的 GSOFM（Growing Self-Organizing Maps）模型。

（5）LVQ 神经网络。该网络是对 Kohonen 神经网络的监督学习的扩展形式，允许对输入分类进行指定。学习矢量化神经网络由输入层、竞争层、线性层构成。线性层神经元代表不同类别，竞争层的每一个神经元代表某个类别中的一个子类；线性层和竞争层之间用矩阵实现子类和类之间的映射关系。竞争层和输入层则是类似于 SOFM 神经网络的结构。LVQ 神经网络以 LVQ 为基本模型，以此为基础提出改进模型 LVQ2 和 LVQ3。这三者之间的不同点在于：在 LVQ 中只有获胜神经元才会得到训练，而在 LVQ3 和 LVQ2 中，当适当条件符合时，学习矢量化可以通过训练获胜神经元和次获胜神经元来对 SOFM 网络的训练规则进行扩展。

4.3.5 关联规则挖掘

关联规则挖掘是一种在大型数据库中发现变量之间的有趣性关系的方法。其目的是利用一些有趣性的量度来识别数据库中发现的强规则。基于强规则的概念，Rakesh Agrawal 等人引入了关联规则以发现由超市的 POS 系统记录的大批交易数据中产品之间的规律性。例如，从销售数据中发现的规则 {洋葱，土豆}→{汉堡} 会表明如果顾客一起买洋葱和土豆，他们也有可能买汉堡的肉。此类信息可以作为做出促销定价或产品植入等营销活动决定的根据。除了上述购物篮分析中的例子以外，关联规则如今还被用在许多应用领域中，包括网络用法挖掘、入侵检测、连续生产及生物信息学中。之后，国内外研究人员都对关联规则挖掘问题进行了深入研究。相关工作包括对基于 Apriori 算法的优化、并行关联规则挖掘、数量关联规则挖掘以及关联规则挖掘理论的探索等。

1. 关联规则的基本概念

设 $I=\{i_1,i_2,\cdots,i_m\}$ 是二进制文字的集合，其中的元素称为项（Item）。记 D 为交易（Transaction）T 的集合，这里的交易 T 是项的集合，并且有 $T\in I$。对应每一个交易有唯一的标识，如交易号，记为 TID（Transaction ID）。设 X 是 I 中的一个项集合，如果 $X\subseteq T$，则称交易 T 包含 X。

一个关联规则是形如 $X\Rightarrow Y$ 的蕴涵式，这里的 $X\subseteq I$，$Y\subseteq I$，并且有 $X\cap Y=\emptyset$。规则 $X\Rightarrow Y$ 在交易数据库 D 中的支持度（Support）是交易集中包含 X 和 Y 的交易数与所有交易

数之比，记为 support($X{\Rightarrow}Y$)，即 $support(X{\Rightarrow}Y) = support(X \bigcup Y) = \dfrac{count(X \bigcup Y)}{\mid D \mid}$。

规则 $X{\Rightarrow}Y$ 在交易集中的置信度（Confidence）是指包含 X 和 Y 的交易数与包含 X 的交易数之比，记为 $confidence(X{\Rightarrow}Y)$，即 $confidence(X{\Rightarrow}Y) = \dfrac{support(X \bigcup Y)}{support(X)}$。

项的集合称为项集。包含 k 个项的项集称为 k -项集。例如，集合 ｛computer，ativirus_software｝是一个 2 - itemset。包含项目集的事务数称为项目集出现的频率（支持计数），简称为项集的频繁程度或支持度。如果项目集满足由领域专家或用户设定支持度最小值的要求，则称其为频繁项目集。这样，对于某数据库 D 的关联规则挖掘问题就转化为如何准确、快速、高效地提取支持度大于最小支持度、置信度大于最小置信度的规则。

2. 挖掘关联规则的步骤

挖掘关联规则的步骤大体可以分为两步过程：①找出所有的频繁项目集，即找出所有那些支持度大于事先给定的支持度阈值的项目集；②在找出的频繁项目集的基础上产生强关联规则，即产生那些支持度和置信度分别大于或等于事先给定的支持度阈值和置信度阈值的关联规则。

在上述两个步骤中，第二个步骤相对要容易一些，因为只需要在已经找出的频繁项目集的基础上列出所有可能的关联规则，然后用支持度阈值和置信度阈值来衡量这些关联规则，同时满足支持度阈值和置信度阈值要求的关联规则就被认为是有趣的关联规则。事实上，由于所有的关联规则都是在频繁项目集的基础上产生的，他们已经自动地满足了支持度阈值的要求，所以只需要考虑置信度阈值的要求。第一个步骤是挖掘关联规则的关键步骤，挖掘关联规则的总体性能由第一个步骤决定，因此所有挖掘关联规则的算法都着重于研究第一个步骤。

一般的发现频繁项目集的算法，都先产生候选频繁项目集。候选频繁项目集是所有频繁项目集的超集，其产生算法需要具有可实现性，并且保证所有潜在的频繁项目集都包含在候选频繁项目集中。在上述条件下，如何能生成尽可能小的候选频繁项目集是所有方法都应遵循的原则。不同的算法，其候选频繁项目集的生成方法也不尽相同，但其产生候选频繁项目集的规模应该保证使他的进一步验证过程可以被计算。对于分层搜索而言，其候选频繁项目集是通过对前面某一长度的频繁项目集进行连接和剪枝两个操作生成的。

在生成候选频繁项目集后，算法需要从中找出频繁项目集。对于分层搜索算法而言，需要扫描数据库来计算每一个候选项目在数据库中的支持度，并将其记录下来为进一步的操作做好准备。显然，为了计算数据项目集的出现次数，算法需要遍历数据库中的每一条记录，并做相应的判断。对于一个大型数据库而言，这是一项非常耗时的操作。不同的算法使用了不同的技巧来减少这一过程的耗时。例如，DHP 算法采用一种 Direct Hash 技术来减少候选项目的规模，并且采用事务剪枝技术大大缩减所需扫描事务的规模；FP－增长算法将数据库中的事务压缩到一棵频繁模式树中，然后用最不频繁的数据项作为后缀递归寻找频繁数据项。

3. 关联规则挖掘的基本方法——Apriori 算法

Apriori 算法是一种最有影响的挖掘布尔关联规则频繁项集的算法。其核心是基于两阶段频集思想的递推算法。该关联规则在分类上属于单维、单层、布尔关联规则。其中，所有支持度大于最小支持度的项集称为频繁项集，简称频集。

原理：如果某个项集是频繁的，那么其所有子集也是频繁的。该定理的逆反定理为：如果某一个项集是非频繁的，那么其所有超集（包含该集合的集合）也是非频繁的（图4-13）。Apriori原理的出现，可以在得知某些项集是非频繁之后，不需要计算该集合的超集，有效地避免项集数目的指数增长，从而在合理时间内计算出频繁项集。

图4-13 Apriori算法流程

Apriori算法有两个主要步骤：

（1）连接（将项集进行两两连接形成新的候选集）。利用已经找到的 k 个项的频繁项集 L_k，通过两两连接得出候选集 C_{k+1}，注意进行连接的 $L_k[i]$，$L_k[j]$，必须有 $k-1$ 个属性值相同，然后另外两个不同的分别分布在 $L_k[i]$，$L_k[j]$ 中，这样的求出的为 C_{k+1} 的候选集。

（2）剪枝（去掉非频繁项集）。候选集 C_{k+1} 中并不都是频繁项集，必须剪枝去掉，越早越好，以防止所处理的数据无效项越来越多。只有当子集都是频繁集的候选集才是频繁集，剪枝的依据算法思想是：①找出所有的频集，这些项集出现的频繁性至少和预定义的最小支持度一样；②由频集产生强关联规则，这些规则必须满足最小支持度和最小可信度；③使用第1步找到的频集产生期望的规则，产生只包含集合的项的所有规则，其中每一条规则的右部只有一项，这里采用的是中规则的定义；④一旦这些规则被生成，那么只有那些大于用户给定的最小可信度的规则才被留下来。为了生成所有频集，使用了递推的方法。

4.4 监测数据的评估和管控

4.4.1 数据质量评估

数据质量评估主要考虑如下：

（1）数据完整性。大坝安全监测数据完整性是指数据是否包含了所有必要信息，以及其是否没有缺失或不完整。例如，监测数据是否涵盖了所有关键监测点和时间段。

（2）数据唯一性。唯一性是指每条记录是否具有唯一标识符或键值。例如，每个监测点的数据都应该被唯一标识。

（3）数据有效性。有效性是指数据是否准确、可靠且能满足其所属业务流程的需要。例如，监测数据是否与实际情况相符合，以及是否可以用以进行数据的处理和建模。常见的有效性维度有值域约束、长度约束、取值范围约束、标志取值约束等。通过以上方面，可以衡量数据内容的质量是否达标。

（4）数据一致性。一致性是指数据在各个系统或应用中是否保持相同状态。例如，监测数据是否在所有系统中保持一致。通常分为以下三个方面：

1）等值一致性。一个核验对象的数据取值必须与另外一个或多个核验对象在一定规则下相等。

2）存在一致性。一个核验对象的数据值必须在另一个核验对象满足某一条件时存在。

3）逻辑一致性。一个核验对象上的数值必须与另一个核验对象的数据值满足某种逻辑关系。

（5）数据准确性。准确性是指数据是否与实际情况相符合。例如，监测数据是否精确反映大坝的实际情况。

（6）数据及时性。及时性是指数据是否能够及时获取、传送和处理。例如，监测数据是否能够及时传输到监控平台，并且可以在需要时及时提供给相关人员。

4.4.2 数据管控体系建立

数据安全对于数据管理是至关重要的。为确保监测数据在采集、存储、处理、使用等各个环节中得到充分的保护和利用，监测单位应当建立一套完整的管理规范、流程和制度。数据管控体系应包括数据安全、数据质量、数据合规、数据价值等多个方面。建立数据管控体系主要考虑如下：

（1）确定数据治理目标。确定组织内各类数据的价值、用途和风险，并制定相应的数据治理目标与指标。

（2）制定数据治理策略。基于数据治理目标，设计并实施具体的数据治理策略，包括数据采集、清洗、存储、分析、共享、备份等方面。

（3）建立数据管理流程。建立数据管理的流程，明确数据的生命周期、数据流转路径、数据权限和访问控制等规范和标准。

（4）选取数据管控工具。根据数据管控的需求，选择适合的数据管控工具和技术，如数据仓库、数据湖、数据质量工具、数据安全工具等。需要对监测数据采用加密、备份、防火墙与监控等技术手段，来保证监测数据的保密性与可用性。还需要进行权限管理与系统漏洞监测，并定期进行模拟攻击以检验安全防护措施是否到位。还需要加强数据安全的培训与意识，并制定总体的网络与信息安全管理制度。

（5）建立数据安全机制。建立系统化的数据安全保障机制，包括数据备份、加密、访问控制、安全审计等多个方面。需要对不同的数据资产按其敏感性与部门权限划定不同的访问权限，如只读、修改与删除等，并严格控制执行。这通常需要监测实施部门申请，由数据管理团队审核授权。这是防范数据滥用与泄露的重要手段，需要定期审查并更新。

（6）建立数据质量监控体系。建立数据质量评估和监控体系，对数据的格式、准确性、完整性、一致性等指标进行监测和分析，及时发现并处理数据质量问题。

4.4.3 数据报告和可视化

1. 数据报告

根据工程具体特点，通过选择不同报告模版，如安全监测整编报告（年、季、月报）、运行管理报告、综合分析报告等，进行报告出具。报告内容要满足规范要求，如监测资料整编分析报告应包含封面、目录、整编说明、基本资料、监测项目汇总表、监测资料初步分析成果、监测资料整编图表和封底等完整内容。

近些年，数据报告自动生成系统也逐渐得到推广和应用。自动生成报告首先根据表现形式，将报告分解为文字、表格、图形等，再根据报告内容，以模板目录为基础，进行结构内容配置。其中项目背景、工程概况等整编说明、基本资料内容属于静态部分内容，而监测项目汇总表、监测资料初步分析成果、监测资料整编图表等内容属于动态部分，需要系统自动统计和深层分析。

动态内容可通过数据库自动统计，包括监测项目汇总表（监测项目、类型、布置、考证表等）和监测资料整编图表（包括特征值、过程线、渗透系数、相关性等）。而测值发展趋势、模型分析、异常原因分析、测值耦合作用分析以及结论与建议等分析内容有待根据数据结果和工程经验进行深度分析，甚至有待人为进一步干预，需预留相关配置窗口和算法。数据报告自动生成流程如图 4-14 所示。

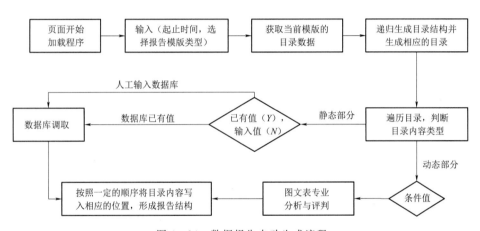

图 4-14　数据报告自动生成流程

2. 数据可视化

创建数据集后，需要考虑数据以什么形式呈现，一般为图形、表格、数值等形式。常用图形包括条形图、直方图、饼图、折线图、箱形图、散点图、地图等。

（1）表格。对于一个数据可视化开发者，用表格来代替图形是一个很好的选择，这是由于表格可以向用户提供详细的数据信息，且表格占用的空间很少，但却可以毫无遗漏的包含很多信息。

（2）条形图。条形图通常是用条形的高度或长度来表示频数，并且通过频数大小进行排序，能够一眼看出各数据之间的大小，便于比较数据的差异。条形图包含组数、组宽度、组限三个要素。组数即数据分为多少组，一般设置成 5～10 组；组宽度即每组的宽度，一般来说每组的宽度是一样的；组限即每一组的上限值、下限值，需要注意的是每个数值只存在唯一的组限内。

（3）直方图。直方图又称质量分布图，在组距相等的基础上确定组数。组数即数据分成的组的个数，每一组的两个端点的差为组距。通过观察直方图，可以判断生产过程的稳定，预测生产过程的质量。其与条形图有所不同：条形图通过条形的高度表示频数，而直方图是用面积表示频数；条形图中横轴上的数据是离散的，而直方图横轴上的数据是连续的；条形图中的条形之间有间隔，而直方图的条形是紧挨的。

（4）饼图。饼图用于强调各项数据占总体的百分比，强调个体占整体的比例。需要注意的是当面积区别不明显，可通过使用条形图提高图表的可读性。

（5）折线图。折线图又称为趋势图，用于呈现数据随时间的变化而变化的情况；曲线的上升与下降分别代表数据的增加与减少。

（6）箱形图。箱形图又称箱线图，主要用于显示数据的分散情况，以及各组数据间的数据分布特征的比较。箱形图主要有上边缘、上四分位数、中位数、下四分位数、下边缘、异常值 6 个数据。观察箱形图的结构，当出现异常值需要关注异常值，分析其原因。

（7）散点图。散点图通常是为了初步确认变量之间是否存在某种关联，如果存在关联，是线性相关还是曲线相关的，通过散点图可以一目了然确认离群值。

3. 布局排版

当图表制作实现数据大小的呈现后，需要有针对性的完成一些定制化操作。为更好地让用户理解可视化图形，可以增加标题和说明等信息来描述可视化的关键点。设计者可以根据业务需求以及页面整体布局，修改字体大小和颜色。使用不同的标记方式，并给予这些标记附上相应的属性值，用户即可根据这些形状区分不同的数据点。一般在图表制作过程中，会有默认的颜色配置，但是设计者可以自定义设计颜色。添加标签，便于用户在查看图表时知道数值，而不仅仅是通过数据的图表高度或者形状大小来猜测数据值。通过观察不难发现，人们更容易区分大小上的不同，而不是颜色上差异，因此可将数据编码成各种大小的标记来增加图形的有效性。

数据可视化页面布局排版在整个页面制作过程中，需要区分层次。通过组件的大小和位置来区分数据的层次结构。左上角的信息是最重要的，沿着对角线方向，信息的重要程度逐渐减弱，右下角的信息重要程度最低。页面需要方便用户理解，通过最简单的方式表达信息，删除冗余的内容/列来显示信息。页面使用一致性布局，相同信息使用类似的风格，把相关的信息放在一起，相关的内容进行数据可视化分组显示。

目前，水电工程监测系统多是基于二维的监测信息呈现，监测仪器设施三维可视化程度低，用户无法清晰、快速地定位监测仪器设施，无法及时获取相关测点的监测基础信息。随着计算机技术的不断发展进步，如今的 BIM 商用软件产品越来越丰富、性能越来越全面，正逐步覆盖到工程建设项目全生命周期内的各个阶段（勘察、设计、施工、运维等）。近年来随着 BIM＋GIS 技术的快速发展，基于 BIM＋GIS 技术的工程应用服务越来越成熟和广泛，通过构建大坝 BIM 监测模型并结合 GIS 应用，将监测仪器设施的所有基本信息与 BIM 模型进行关联，使得使用者能够快速从三维模型定位监测测点的位置、查询测点基本信息及相关图纸报表，能够实现快速定位以及辅助分析，从而将工程安全监测从传统的二维空间拓展到三维空间，具有重要的意义。通过全景、大坝三维结构模型、监测 BIM 模型等多样化的三维表达技术，在 WebGL 三维引擎上建立大坝全景模型，能够对大坝 360°全景浏览以及实现流程预览等功能，为大坝安全监测提供了更丰富、立体的评估手段。

参 考 文 献

［1］ Piatetsky-Shapiro G. Discovery，Analysis，and presentation of strong rules [J]. 1991.

［2］ Agrawal R，Imieliński T. Swami A. Mining association rules between sets of items in large databases [C] //Proceedings of the 1993 ACM SIGMOD international conference on Management of data，1993：207 - 216.

［3］ 崔少英，包腾飞，裴尧尧，等．基于模糊数学的大坝安全监测数据处理方法 [J]. 水电能源科学，2012，30（11）：45 - 48.

［4］ 张海燕．数据挖掘技术在大坝安全监测系中的研究与应用 [D]. 兰州：兰州理工大学，2013.

［5］ 李啸啸，蒋敏，吴震宇，等．大坝安全监测数据粗差识别方法的比较与改进 [J]. 中国农村水利水电，2011（3）：102 - 105.

［6］ 王士军，谷艳昌，葛从兵．大坝安全监测系统评价体系 [J]. 水利水运工程学报，2019（4）：63 - 67.

［7］ 陈伟．遗传算法与神经网络在大坝安全监测中的应用研究 [D]. 西安：长安大学，2009.

［8］ 姚诚．大坝安全监测现场终端系统设计与数据分析 [D]. 长沙：湖南大学，2017.

［9］ 刘千驹，陈代明，陈少勇，等．小波理论在大坝安全监测数据粗差探测中的应用 [J]. 西北水电，（S1）：129 - 132.

［10］ 文俊，岳春芳，吴艳，等．基于小波包－卡尔曼的大坝变形数据处理研究 [J]. 人民黄河，2022，44（2）：129 - 132.

［11］ 叶斌．基于 LSTM 模型的大坝安全监测数据异常值检测 [D]. 武汉：长江科学院，2020.

［12］ 沈卓君．基于改进神经网络的大坝安全监控模型 [J]. 安徽农业科学，2008，36（12）：5243 - 5244.

［13］ 翟旭瑞，吕振中，王国松．基于 BP 神经网络的大坝安全监测系统评价研究 [J]. 水资源与水工程学报，2007，18（1）：60 - 63.

［14］ 魏永强，宋子龙，王祥．基于物联网模式的水库大坝安全监测智能机系统设计 [J]. 水利水电技术，2015，46（10）：38 - 42.

［15］ 高志良，张瀚，罗正英．大坝与边坡安全风险智能管控技术研究与应用 [J]. 人民长江，2021，52（2）：206 - 211.

［16］ 梁妍，张勇敢，贾凡．灰色预测模型在大坝安全监测中的应用研究 [J]. 科技视界，2017（31）：45 - 45.

［17］ 张正禄，张松林，黄全义，等．大坝安全监测、分析与预报的发展综述 [J]. 大坝与安全，2002（5）：13 - 16.

［18］ 许昌，岳东杰，董育烦，等．基于主成分和半参数的大坝变形监测回归模型 [J]. 岩土力学，2011，32（12）：3738 - 3742.

［19］ 戴波，陈波．基于混沌的大坝监测序列小波 RBF 神经网络预测模型 [J]. 水利水电技术，2016，47（2）：80 - 85.

［20］ 张建伟，张翌娜，刘尚蔚．基于小波理论的大坝安全监测数据分析与应用 [A]. 中国振动工程学会故障诊断专业委员会．第十二届全国设备故障诊断学术会议论文集 [C]//中国振动工程学会故障诊断专业委员会：中国振动工程学会，2010：176 - 178.

第 5 章

系统安全设计及大坝安全评估方法

5.1 系统安全设计

5.1.1 设计原则

1. 设备基础原则

所选取的设备必须能够满足系统的需求和质量保障，所选设备接口故障不应影响其他系统，并且具备故障自诊断和远程保护功能，同时需要考虑防潮、防腐、耐湿、抗风、防雷等实际运行因素，在实际现场使用的过程中保证装备能完成在卑劣天然环境中全天候的履行监测预警任务。

2. 标准化原则

系统建设要充分考虑工作现状，满足工作程序化、规范化要求。系统建设过程中对管理流程进行规范统一，形成本项目的标准规范，结合国家已有的相关标准和技术规范，指导本项目系统设计与应用。

3. 稳定性原则

系统采用成熟和高度商品化的开发平台以及多年的技术成果，在系统设计阶段就充分考虑系统的稳定，采用科学的有效的设计方案进行设计。另外，系统开发有特定的流程和规范，比如系统开发流程规范、代码编写规范、测试规范、质量保证计划等，系统开发过程中按照已有的规范进行，确保系统的质量。

4. 安全性原则

系统的安全性是用户特别关心的事情，也是系统设计的根本。系统的安全包括物理安全、逻辑安全和安全管理三个方面的内容。物理安全是系统设备及相关设施受到安全保护，避免破坏和丢失。安全管理包括各种安全政策和机制。逻辑安全是指系统中的信息安全，主要分为保密性、完整性和可用性。

系统在设计阶段充分考虑信息安全，包括各种安全验证，数据存储的安全，敏感信息的加密，数据传输中的加密，数据访问的验证等，从而确保了系统运行的安全性。保证数据安全，即具有完善的数据保密系统。应划分从硬件和软件防火墙两个角度进行数据保密工作，制止遭到攻击窃取、歹意篡改等不法访问，同时提供数据自动备份功能，保护数据库本身的安全。

通过各种安全技术手段，保障系统运行的安全。遵守现行的各项保密制度和规定，尚未公开或不宜公开的数据与信息采取严格的安全保护措施。用户的商业秘密不得开放给未经授权的用户。

系统外部安全。系统的安全性充分考虑网络的高级别、多层次的安全防护措施，包括备份系统、防火墙和权限设置等措施，保证政府部门的数据安全和政府机密；同时考虑系统出现故障时的软硬件恢复等急救措施，以保障网络安全性和处理机安全性。系统要形成相对独立的安全机制，有效防止系统外部的非法访问。

系统内部安全。在保证系统外部安全的同时，系统也能确保授权用户的合法使用。系统本身具有容错功能，包括出错提示、原因，并能自动或通过人工操作，使出错的系统恢复到正常状态。系统还提供严格的操作控制和存取控制。

系统运行安全。在逻辑上，系统具有抵御对系统的非法入侵的能力；在物理上，系统保证不存在可能的单点故障，提供资源数据的备份能力。系统支持定期的自动数据备份和手工进行数据备份，能够在数据毁坏、丢失等情况下将备份数据倒回，实现一定的数据恢复。

5. 先进性原则

在技术上，采用国际上先进、成熟的技术，使得设计更加合理、先进。在注重系统实用性的前提下，尽可能采用先进的计算机软、硬件环境；在软件开发思想上，严格按照软件工程的标准和面向对象的理论来设计，保证系统的先进性。

6. 易操作性原则

易操作性是指用户操作和运行控制软件的难易程度的软件属性。该特征要求软件的人机界面友好、界面设计科学合理以及操作简单等。

易操作的软件让用户可以直接根据窗口提示上手使用，无需过多的参考使用说明书和参加培训；各项功能流程设计得很直接，争取在一个窗口完成一套操作；在一个业务功能中可以关联了解其相关的业务数据，具有层次感；合理的默认值和可选的预先设定，避免了过多的手工操作；如果软件某操作将产生严重后果，该功能执行是可逆的，或者程序给出该后果的明显警告并且在执行该命令前要求确认；如果一旦出现操作失败，及时的信息反馈是非常重要的，没有处理结果或者是处理过程的信息反馈不是一个好系统；流畅自然的操作感觉，来源于每一次操作都是最合理的。

在页面和流程上浪费用户的鼠标点击，也是在降低用户对于软件的好感。清晰、统一的导航要贯穿系统的始终；操作按钮、快捷键等遵循一致的规范、标准是必须的，不要给操作者额外记忆的负担。

7. 可扩展性原则

系统的扩展性是测量系统设计好坏的一个重要的标准，良好的扩展性可以使系统有健壮的生命力，也为系统的升级和将来的维护打下良好的基础。系统包括硬件和软件两大部分内容，无论是硬件还是软件平台，都应预留可扩展接口，以备和相关部分其他系统软件集成或共享。

系统在需求调研阶段就充分考虑用户的用途以及将来的发展方向，在概要设计阶段充分考虑系统的使用和发展，为系统的可扩展性提供重要保障。

采用面向对象、面向服务的设计思想，按不同的网络、不同的功能、不同的职能划分成各种功能组件，各功能组件既可以独立形成系统又可以组成一个综合系统，方便实现从子系统到综合系统，从综合系统到独立系统的升级过渡，保护用户的投资。良好的扩充性和可维护性，实现在快速搭建总体框架的基础上分业务，分任务的逐渐充实整个系统，使系统具备可持续升级的基础。

功能扩展。为了满足用户今后系统扩容和扩大应用范围的需求，系统充分考虑从系统结构、功能设计、管理对象等各方面的功能扩展。

软硬件升级。系统充分考虑软硬件平台的可扩展性及软件、硬件的负载平衡机制。随着关键软件和硬件的发展以及管理功能的增加，系统具有灵活和平滑的扩展能力。关键软件和硬件的发展以及管理功能的增加，系统具有灵活和平滑的扩展能力。

8. 可维护性原则

可维护性是在软件交付使用后进行的修改，修改之前必须理解待修改的对象，修改之后进行测试，以保证所做的修改是正确的。

系统在设计时充分考虑可维护，尽量做到系统在尽可能少的维护动作下，完成系统功能修改。在系统功能文档中做到完全的解释，使用户在理解功能时轻松完成系统的维护。

5.1.2 安全系统设计

5.1.2.1 安全物理环境

物理环境安全主要影响因素包括机房环境、机柜、电源、通信线缆和其他设备的物理环境。该层面为基础设施和业务应用系统提供了一个生成、处理、存储和传输数据的物理环境。本项目机房（内设交换机、服务器、控制设备等）满足安全物理环境的要求，从防盗窃和防破坏、防雷击、机房环境监控、电力供应、室外控制设备物理防护等方面综合考虑对机房进行安全防护。

安全物理环境主要涉及的方面包括环境安全（防火、防水、防雷击等）设备和介质的防盗窃和防破坏等方面。具体包括：物理位置的选择、物理访问控制、防盗窃和防破坏、防雷击、防火、防水和防潮、防静电、温湿度控制、电力供应、电磁防护等 10 个控制点。

5.1.2.2 安全通信网络

通信网络安全主要涉及的方面包括网络架构安全、通信传输安全、安全区域边界等。

1. 网络架构安全

系统网络进行安全区域的划分，基于安全域进行访问控制和入侵防范。按照方便管理和控制的原则，对网络划分不同的安全区域分配相应的地址，设置默认路由。在安全域划分基础上可方便地进行网络访问控制、网络资源（带宽、处理能力）管控等安全控制，并对不同安全域边界的保护策略进行针对性设计。

（1）安全域划分。系统网络各个组成部分的业务功能、安全保护级别、访问需求等进行安全域划分，具体包括互联网接入区、核心交换区、办公区、运维区、计算区、存储区、安全管理区等区域。

（2）带宽管理。在系统的互联网出口部署下一代防火墙，提供应用流量管理功能，实现对重要业务应用的带宽保障，并限制每用户的带宽使用上限，避免个别用户占用过多的带宽资源，提高网络资源利用率。

（3）区域边界隔离。在安全域划分的基础上，利用路由交换设备自身的能力，按照用户实际需求，对内部网络不同安全域划分不同逻辑子网（VLAN），并在 VLAN 之间定义访问控制规则（ACL），实现网络内部不同安全域之间的基本隔离。

在此基础上，不同网络分区之间分别串联部署下一代防火墙，实现内外网安全隔离和内部不同网络区域之间的安全隔离。

通过设置相应的网络地址转换策略和端口控制策略，避免将重要网络区域直接暴露在互联网上及与其他网络区域直接连通。

（4）高可用性设计。单线路、单设备的结构很容易发生单点故障导致业务中断，因此对于提供关键业务服务的信息系统，应用访问路径上的任何一条通信链路、任何一台网关设备和交换设备，都应当采用可靠的冗余备份机制，以最大化保障数据访问的可用性和业务的连续性。

除了互联网接入链路应采用多运营商链路互备、关键业务系统应采用多服务器互备外，对于局域网骨干核心链路及相关的网络路由交换设备、安全网关设备等均采用冗余热备的部署方式，以提升网络系统的整体容错能力，防止出现单点故障。

2. 通信传输安全

对于移动办公、远程运维人员通过互联网登录到系统进行的业务交互操作或远程管理操作，采用 IPSEC 或 SSLVPN 技术保证重要、敏感信息在网络传输过程中完整性和保密性。

（1）安全接入管理。通过结合使用数字证书与专用 VPN 客户端软件，实现接入身份以及设备的准确识别、对接入终端的安全管理，保证系统接入过程的安全可靠。

（2）传输过程安全管理。借助 IPSEC 或 SSLVPN 技术的隧道加密技术实现网络通信过程及数据传输过程的安全，并且可根据不同人员的角色确认应用的访问权限，实现随时随地、按需接入及受限访问，最大程度保证传输过程安全。

（3）接入及传输过程管理。通过接入管理端对接入人员及接入设备进行统一管理，可实现人员的角色及权限的统一管理，实现不同角色访问不同的访问咨询。针对接入设备的安全性问题，通过对设备进行合规性检查，确保设备接入后不会给网络带来风险。通过对接入过程进行安全审计，实时掌握接入及传输过程的状态并对网络接入及传输行为进行审计。

3. 安全区域边界

（1）访问控制。在网络结构中，对各区域进行访问控制，通过核心交换机的 VLAN 划分、访问控制列表以及在核心交换机出口部署防火墙，应用终端部署上网行为管理系统等措施，基于网络访问控制技术、包过滤技，通过制定合理的访问控制规则，对用户访问应用服务器区进行限制，从而实现对互联网用户的访问控制。防火墙技术是用来阻挡外部不安全因素影响的内部网络屏障，也是构建互联网边界安全的第一道网络安全屏障。

（2）网络审计。网络安全审计系统主要用于监视并记录网络中的各类操作，侦查系统中存在的现有、潜在的威胁，实时地综合分析出网络中发生的安全事件，包括各种外部事件和内部事件。在核心交换机处部署网络行为监控与审计系统，形成对全网网络数据的流量检测并进行相应安全审计，同时和其他网络安全设备共同为集中安全管理提供监控数据用于分析及检测。

网络行为监控和审计系统将独立的网络传感器硬件组件连接到网络中的数据汇聚点设备上，对网络中的数据包进行分析、匹配、统计，通过特定的协议算法，从而实现入侵检测、信息还原等网络审计功能，根据记录生成详细的审计报表。同时审计系统可以与其他网络安全设备进行联动，将各自的监控记录送往安全管理安全域中的安全管理服务器，集中对网络异常、攻击和病毒进行分析和检测。

（3）网络入侵防范。根据等级保护三级对入侵防范的要求，在网络架构中部署入侵防御系统，基于强大入侵防范规则库对互联网流入的流量数据包进行行为实时检测与分析，一旦发现攻击行为立即阻断，有效防止溢出攻击类、RPC攻击类、WEBCGI攻击类、拒绝服务类、木马类、蠕虫类、扫描类、网络访问类、HTTP攻击类、系统漏洞类等类别攻击，增强互联网边界的网络入侵防范能力。

（4）恶意代码防范。根据等级保护三级对入侵防范的要求，在网络边界部署防火墙，对HTTP、FTP、SMTP、POP3、IMAP以及MSN协议等进行检查，并能够清除引导区病毒、文件型病毒、宏病毒、蠕虫病毒、特洛伊木马、后门程序、恶意脚本等各种恶意代码。

在网络中所有适用的服务器（WINDOWS、LINUX）和客户端（WINDOWS）计算机上部署相应平台的网络版杀毒软件，在工控环境中使用工控杀毒U盘的方式可有效查杀、威胁服务器和客户端正常运行的病毒、恶意脚本、木马、蠕虫等恶意代码。

在主机上采用基于进程的白名单防护技术，将主机中常用的应用进行安全管控，阻止白名单库外的其他与生产运行无关的应用软件安装及使用，从本质上可防范软件安装过程中带来的恶意代码，或防范已安装软件感染恶意代码、木马程序，使整个计算环境能够防范恶意代码入侵风险，为主机提供安全可靠的运行环境。

4. 安全计算环境

（1）身份鉴别。对登录操作系统和数据库系统的用户进行身份标识和鉴别，且保障用户名的唯一性。根据基本要求配置用户名/口令，口令必须具备采用3种以上字符并定期更换。启用登录失败处理功能，登录失败后采取结束会话、限制非法登录次数和自动退出等措施，重要的主机系统应对与之相连的服务器或终端设备进行身份标识和鉴别。

远程管理时应启用SSH等管理方式，加密管理数据，防止被网络窃听。对主机管理员登录采取双因素认证方式，采用USB key＋密码进行身份鉴别，并通过CA认证系统进行鉴别。

（2）访问控制。启用强制访问控制功能，依据安全策略控制用户对资源的访问，对重要信息资源设置敏感标记，安全策略严格控制用户对有敏感标记重要信息资源的操作。

启用访问控制功能。制定严格的访问控制安全策略，根据策略控制用户对应用系统的访问，特别是文件操作、数据访问等，控制粒度主体为用户级，客体为文件或者数据库表级别。

权限控制。对于制定的访问控制规则要能清楚的覆盖资源访问相关的主题、客体及他们之间的操作。对于不同的用户授权原则是进行能够完成工作的最小化授权，避免授权范围过大，并在他们之间形成互相支援的关系。

账号管理。严格限制默认账户的访问权限，重命名默认账户，修改默认口令，及时删除多余的、过期的账户，避免共享账户的存在。

访问控制的实现主要是采取两种方式：采用安全操作系统，或对操作系统进行安全改造，且使用效果要达到以上要求。

对于强制访问控制中的权限分配和账号管理部分可以通过等级保护配置核查产品进行定期扫描核查，及时发现与基线要求不符的配置并进行加固。同时账号管理和权限控制部分还可以通过堡垒机产品来进行强制管控，满足强制访问控制的要求。

（3）入侵防范。根据等级保护三级要求，需要对主机入侵行为进行防范。针对主机的入侵防范，处理角度如下：

1）部署入侵防御系统，在防范网络入侵的同时对关键主机的操作系统提供保护，可根据入侵事件的风险程度进行分类报警。

2）部署漏洞扫描系统，以本地扫描或远程扫描的方式，对各台重要的网络设备、主机系统及相应的操作系统、应用系统等进行全面的漏洞扫描和安全评估。系统提供详尽的扫描分析报告和漏洞修补建议，帮助管理员实现对重要服务器主机系统的安全加固，提升安全等级。

3）操作系统的安全遵循最小安装的原则，仅安装需要的组件和应用程序，关闭多余服务等，减少组件、应用程序和服务中可能存在的漏洞。

（4）安全审计。系统用户审计主要包括重要用户行为、系统资源的异常使用和重要程序功能的执行等；还包括数据文件的打开关闭，具体的行动，诸如读取、编辑和删除记录，以及打印报表等。系统用户审计通过堡垒机、数据库审计和日志审计来实现。

1）堡垒机。为了保障网络和数据不受来自外部和内部用户的入侵和破坏，而运用各种技术手段监控和记录运维人员对网络内的服务器、网络设备、安全设备、数据库等设备的操作行为，以便集中报警、及时处理及审计定责。堡垒机是集账号权限管控以及用户行为审计与一体的安全运维产品，能够通过录屏、记录命令行等方式记录用户对重要服务器的访问行为以及所做的各种操作。

2）数据库审计。对数据库操作进行合规性管理，对数据库遭受到的风险行为进行告警，对攻击行为进行阻断，加强内外部数据库网络行为记录，提高数据资产安全。

3）日志审计。通过集中采集信息系统中的系统安全事件、用户访问记录、系统运行日志、系统运行状态等各类信息，经过规范化、过滤、归并和告警分析等处理后，以统一格式的日志形式进行集中存储和管理，结合丰富的日志统计汇总及关联分析功能，实现对信息系统日志的全面审计。

（5）恶意代码防范。针对病毒风险，部署终端杀毒软件、防恶意代码软件，加强终端主机的病毒防护能力并及时升级恶意代码软件版本以及恶意代码库。

杀毒软件可防止和预防计算机病毒的入侵，有效及时的提醒用户当前终端设备的安全状况，当染毒时可以对终端设备内的所有文件进行查杀，有效地保护终端设备内的数据安全性。

（6）剩余信息保护。为实现剩余信息保护，达到客体安全重用，保证存储在硬盘、内存或缓冲区中的信息不被非授权的访问，用户的鉴别信息、文件、目录等资源所在的存储空间，操作系统将其完全清除之后，才释放或重新分配给其他用户，采取的措施如下：

1）取消操作系统、数据库系统和堡垒机等系统的用户名、登录密码自动代填功能。

2）采用数据擦除工具，确保身份鉴别信息和敏感业务数据所在的存储空间被释放或重新分配前得到完全清除。

3）通过对操作系统及数据库系统进行安全加固配置，使得操作系统和数据库系统具备及时清除剩余信息的功能，从而保证用户的鉴别信息、文件、目录、数据库记录等敏感信息所在的存储空间（内存、硬盘）被及时释放或者再分配给其他用户前得到完全清除。

（7）数据完整性。关于数据完整性，采用消息摘要机制来确保完整性校验，其方法是：发送方使用散列函数，如（SHA，MD5 等）对要发送的信息进行摘要计算，得到信息的鉴别码，连同信息一起发送给接收方，将信息摘要进行打包后插入身份鉴别标识，发送给接收方。接收方对接收到的信息，首先确认发送方的身份信息，解包后，重新计算，将得到的鉴别码与收到的鉴别码进行比较，若二者相同，则可以判定信息未被篡改，信息完整性没有受到破坏。在传输过程中可以通过 VPN 系统来保证数据包符合完整性、保密性和可用性。数据存储过程中的完整性可以通过数据库的访问控制来实现。

（8）读访问控制。必须制定相应的控制措施，以确保获准访问数据库或数据库表的个体，能够在数据库数据的信息分类级别的合适的级别得到验证。通过使用报表或者查询工具提供的读访问必须由数据所有人控制和批准，以确保能够采取有效的控制措施控制谁可以读取哪些数据。

（9）读取/写入访问控制。对于那些提供读访问的数据库而言，每个访问该数据的自然人、对象、访问进程都必须确立相应的账户。该 ID 可以在数据库内直接建立，或者通过那些提供数据访问功能的应用予以建立。这些账户必须遵从本标准规定的计算机账户标准。

用户验证机制必须基于防御性验证技术（比如用户 ID/密码），这种技术可以应用于每一次登录尝试或重新验证，并且能够根据登录尝试的被拒绝情况指定保护措施。

为了保证数据库的操作不会绕过应用安全，定义角色的能力不得成为默认的用户特权。访问数据库配置表必须仅限于数据库管理员，以防未经授权的插入、更新和删除。

5. 数据保密性

关于数据保密性，通过一些具体的技术保护手段，在数据和文档的生命周期过程中对其进行安全相关防护，确保内部数据和文档在整个生命周期的过程中的安全。

（1）加强对于数据的认证管理。操作系统须设置相应的认证手段；数据本身也须设置相应的认证手段，对于重要的数据应对其本身设置相应的认证机制。

（2）加强对于数据的授权管理。对文件系统的访问权限进行一定的限制；对网络共享文件夹进行必要的认证和授权。除非特别必要，可禁止在个人的计算机上设置网络文件夹共享。

（3）数据和文档加密。保护数据和文档的另一个重要方法是进行数据和文档加密。数据加密后，即使别人获得了相应的数据和文档，也无法获得其中的内容。

网络设备、操作系统、数据库系统和应用程序的鉴别信息、敏感的系统管理数据和敏感的用户数据应采用加密或其他有效措施实现传输保密性和存储保密性。当使用便携式和移动式设备时，应加密或者采用可移动磁盘存储敏感信息。

（4）加强对数据和文档日志审计管理。使用审计策略对文件夹、数据和文档进行审计，审计结果记录在安全日志中，通过安全日志就可查看哪些组或用户对文件夹、文件进行了什么级别的操作，从而发现系统可能面临的非法访问，并通过采取相应的措施将这种安全隐患减到最低。在核心交换机上旁路部署数据库审计系统，通过数据库审计技术能够实时记录和分析网络上的数据库活动，对数据库操作进行细粒度审计的合规性管理，对数据库遭受到的风险行为进行告警。通过对用户访问数据库行为的记录、分析和汇报，帮助用户事后生成合规报告、事故追根溯源，同时加强内外部数据库网络行为记录，提高数据资产安全。

6. 备份和恢复

针对数据的备份和恢复要求，应用数据的备份和恢复应实现以下特点：①本地数据备份与恢复功能，完全数据备份至少每天一次，备份介质场外存放；②主要网络设备、通信线路和数据处理系统的硬件冗余，保证系统的高可用性。

7. 控制设备安全

关闭或拆除控制设备的软盘驱动、光盘驱动、USB 接口、串行口或多余网口等，确需保留的应通过相关的技术措施实施严格的监控管理；使用专用设备和专用软件对控制设备进行更新；应保证控制设备在上线前经过安全性检测，避免控制设备固件中存在恶意代码程序。

设定不同强度的登录账户及密码，并进行定期更新，避免使用默认口令或弱口令；采用 USB－key 等安全介质存储身份认证证书信息，建立相关制度对证书的申请、发放、使用、吊销等过程进行严格控制，保证不同系统和网络环境下禁止使用相同的身份认证证书信息，减小证书暴露后对系统和网络的影响。

5.2　大坝安全评估方法

目前，我国已建成的大坝数目居世界之最，这些工程在为经济建设和社会发展作出贡献的同时，其自身也存在着失事的风险。大坝能否安全运行关乎下游人民的生命财产安全和社会经济稳定。因此，合理评估大坝的安全状况，对及时发现工程病险、科学实施除险加固等具有重要意义。大坝安全评估所涉及的指标量众多，且存在强的不确定性，如监测数据采集过程中产生的误差、由专家提出或依据标准制定的各指标本身带有的不确定性以及由主观方法确定的各指标权重所具有的随机性等。

5.2.1　基于风险变化的大坝安全评估

5.2.1.1　传统风险变化评估法

传统风险变化评估法体系评价内容明确，采用确定性评价方法，可操作性强，可对单一评价项目进行评价，评价结果符合传统认识，易被接受，但同时存在如下缺点：

（1）评估方法着重于工程本身、工程负面影响考虑不全面、难以从总体上把握大坝病险的严重程度。如病险等级相同时（同为三类坝），无法体现出不同大坝病险严重程度的差异及其对工程安全运行的影响，不利于大坝整体风险的削减及采取经济有效的措施。

（2）对不确定性因素量化及专项分析间的逻辑关系不明晰。传统方法易对洪水、地震、结构安全等进行专项评价，采用确定性的评价方法，安全程度推断不明晰，没有体现出质量评价、运行管理、金属结构安全与工程安全的直接联系及影响程度，各专项分析间的逻辑联系及相互作用程度依靠专家经验推断，系统逻辑性不强，未考虑人为因素的具体影响。

（3）评估标准存在不合理性。传统评价是依据工程规模、工程效益及影响共同确定工程设计标未考虑溃坝后果与风险，工程等别划分不尽合理。

（4）对下游负面影响考虑较少，难以适应发展要求，不能提供基于经济考虑的安全排序。

5.2.1.2　风险评估法

风险评估法强调评估过程的系统性、逻辑性、透明性与评价对象的广泛性、动态性，评价对象包括工程自身与受影响的对象（尤其是下游），方法具有多样性。风险评估的优点为：通过系统性的全面分析对工程安全的各个环节进行识别判断，将不确定性处理透明化；为群坝风险比较或单一大坝不同部分的风险比较提供基础，可以实现全部荷载条件下的评价，能够反映工程安全和大坝溃决之间的内在联系，为优化和降低风险提供指导框架；将工程安全与溃坝后果联系起来，为决策管理及公共安全政策制定提供基础。

我国风险评估技术目前处在发展之中，与其相关的法律法规、技术标准等尚未建立，需要克服或存在的主要不足有破坏概率估计、生命损失确定、社会生命可容忍标准的可接受性、经验缺乏等。

水库大坝突发性应急事件导致的损失指事件造成的生命与健康丧失、物质或财产毁坏、环境破坏等。参照安全事故分类标准，突发性应急事件导致的损失类型主要可以分为：

（1）按损失与事件的关系可以分为直接损失和间接损失两类。

（2）按损失的经济特征分为经济损失（或价值损失）和非经济损失（非价值损失）。前者指可直接用货币测算的损失，后者指不可直接用货币进行计量，只能通过间接的转换技术对其进行测算。

（3）按损失与事件的关系和经济的特征分为直接经济损失、间接经济损失、直接非经济损失、间接非经济损失四种。这种分类方法把损失的口径作了严格的界定，有助于准确地对事故损失进行测算。

（4）按损失的承担者划分可分为个人损失、企业（集体）损失和国家损失三类。

（5）按损失的时间特性划分可分为当时损失、事后损失和未来损失三类。当时损失是指事件当时造成的损失；事后损失是指事件发生后随即伴随的损失，如事故处理、停工和停产等损失；未来损失是指事件发生后相隔一段时间才会显现出来的损失，如污染造成的危害、恢复生产所需的设备（施）改造等费用。

水库大坝发生突发性应急事件发生导致的损失，一般按照对自然和社会造成的破坏可分为直接和间接的损失进行划分。目前国内外对溃坝后果的损失评估主要从生命损失、经济损失及社会环境影响等三方面进行。

5.2.1.3　传统评估与风险评估的关系

两种评估方法的出发点不同，从而决定了评估内容、方法与评估标准不同。传统评估认为满足工程安全即满足下游安全；基于风险的安全评估认为大坝安全是满足适度风险下的大坝安全。实践中传统设计及运行良好的大坝很少发生溃坝事件，一般认为满足传统安全评价标准的大坝剩余风险是可接受的，但管理中还面临下游社会经济发展、运用方式转变、人为失误、恐怖活动、极端气候条件、工程老化等影响。因此，从社会经济发展与公共安全角度正确认识风险，实现资源优化、科学除险与可持续发展，应积极开展风险评价。

　　一般将风险评估作为传统评估的增强工具、替代工具及决策工具。澳大利亚大坝委员会的风险评估导则中明确评估的有效性需要得到大坝工程师的广泛支持，评估方法需要进一步发展等，在当前阶段，推荐将风险评估作为基于标准的安全评价体系的增强工具。在评估中，大坝安全首先应满足风险标准，在可容忍的风险范围内还应根据 ALARP（As Low as Reasonably Practicable）准则，将风险降低至可接受的水平。在当前发展阶段，选择将风险评价作为传统评估法的增强工具是合适的。

　　我国水库大坝下游一般风险人口众多，一旦失事，影响巨大，仅从溃坝后果影响考虑来提升工程的设计标准，在经济上并不合适。笔者在王仁钟等研究成果的基础上，提出了以传统评价为辅的综合风险评估体系框架。

　　综合风险评价体系框架是一个原则性的框架，包括三个方面的内容。传统的工程安全评价根据目前的法律法规、技术标准要求，对工程安全进行分析评价或评价复核，确定工程存在的缺陷或潜在缺陷的部位、范围、程度，分析其距离设计安全要求的程度、可能的发展规律及可能导致的后果，为工程破坏模式分析提供基础。

　　（1）风险分析。明确系统评价范围，确定分析方法，识别分析危险因素及导致的破坏模式，进行后果估计，确定总体风险。

　　（2）风险评估。通过社会调查确定风险标准。

　　（3）风险比较与风险决策建议。进行风险比较，确定大坝风险所处的状态是否满足风险标准要求，进行敏感性及不确定性分析，了解风险结果对来自不同风险源的敏感性，为风险削减提供参考依据：指出工程存在的主要危险，提出削减风险的技术和管理措施、建议，包括风险削减措施、费用效益分析、风险分布、风险削减优先方案选择等。

　　大坝风险评估体系框架这一体系是原则性的，具有适应性与可操作性。可以充分利用已有的评价体系、评价人员及评价经验，发现工程隐患，同时可以利用风险分析的优点，运用系统逻辑对不确定性问题进行分析，把握工程的主要风险，并提出有针对性的措施。我国目前尚处于风险评估的起步阶段，水库大坝风险较大，通过粗筛或初步分析即可取得较好的效果。

　　目前广为接受的大坝安全理念主要基于工程安全，而对大坝负面效应缺乏系统、全面的认识。风险理念是大坝及其影响对象行为约束、协调发展的基本指南，大坝风险评价则是识别负面效应、控制大坝风险的重要内容。现阶段，应积极普及大坝风险理念，为风险评价及管理创造环境，促进大坝安全管理向社会化、专业化、市场化发展；行业管理机构应加强与政府间的合作，促进政府加强下游土地的利用规划和监管，规避不合理开发产生的风险，促进水库下游应急救助系统的建设与公共资源的重新配置：推动政府在基础信息建设上的投入，为风险评价提供基础。

5.2.2　基于物理模拟的大坝安全评估方法

　　依据大坝安全条例和监测规范大坝的安全状态分正常、异常和险情三大类。与此同时根据大坝的结构性态也可分弹性、弹塑性和失稳破坏三个阶段。根据重力坝和拱坝的大量工程经验和试验成果，大坝变形一般分线弹性、屈服和破坏三个阶段。

5.2.2.1 常规分析法

目前常用置信区间法，即用物理监控模型的回归预报值 $\hat{\delta}$ 与实测值 δ 的差值 Δ，若在置信区间 $\Delta = is$ 范围内，则测值正常，否则为异常。该法没有较好地联系大坝的结构性态，有时测值超过置信区间，但不一定是异常值。针对上述问题我国在 80 年代初提出用小概率法拟定变形监控指标。其基本原理是：根据不同坝型和各座坝的特点，在实测系列中，每年选择对变形、稳定、强度或裂缝不利的荷载组合作用时，所对应的监测量 y_{mi}（或数学监控模型中分离的荷载分量）构成一个样本，即 $y = \{y_{m1}, y_{m2}, \cdots,\}$，然后对其进行分布检验和统计特性值（均值 $-y$ 和标准差 σ_y）计算，确定失事概率 α，从分布函数 $y_m = F(-y, \sigma_y, \alpha)$ 中求出监控指标 y_m。

5.2.2.2 结构分析法

依据各级监控指标的力学定义，针对大坝存在时效位移的特点，在计算 δ_{im} 及其对应的 σ_t、σ_s 时，分析时可用理论和方法如下：

（1）用黏弹性理论拟定一级变形监控指标。采用 4 个参数的伯格斯模型（即开尔文和麦克斯威尔串联模型），并针对大坝及坝基的结构特点，编制黏弹性有限元分析程序，计算一级变形监控指标所对应的荷载组合工况及约束条件的变形值。

（2）用小变形的黏弹塑性理论拟定二级变形监控指标。将宾哈姆模型与伯格斯模型串联，构成 6 个参数的黏弹塑性模型，并考虑大坝的结构特点，编制黏弹塑性有限元分析程序，计算二级变形监控指标所对应荷载工况及约束条件的变形值。

（3）用大变形黏弹塑性理论拟定三级变形监控指标。应用大变形理论，即流变模型与上述模型相同，但应力和应变用 Cauchy 应力的 Jauman 导数及变形率，并考虑大坝的结构特点，编制大变形的黏弹塑性有限元分析程序，计算三级变形监控指标所对应的荷载工况及约束条件的变形值。

5.2.3 基于监测数据的大坝安全评估方法

大坝所具有的潜在安全问题既是一个复杂的技术问题，也是一个日益突出的公共安全问题。因此，我国对大坝安全越来越重视。随着坝工理论和技术的不断发展与完善，为了更好地实现水资源的进一步开发利用，我国的大坝建设正向着更高更大方向发展，如三峡重力坝、小湾拱坝、拉西瓦拱坝、溪洛渡拱坝等，这些工程的建设将为我国的经济发展做出巨大贡献，也将推动我国的坝工理论和技术水平上升到一个新的高度。但是，这些工程一旦失事，将是不可想象的毁灭性灾难。因此，大坝安全问题就显得日益突出和重要。保证大坝安全的措施可分为工程措施和非工程措施两种，两者相互依存，缺一不可。

大坝监测数据分析可以从原始数据中提取包含的信息，为大坝的建设和运行管理提供有价值的科学依据。大量工程实践表明：大坝监测数据中蕴藏了丰富的反映坝体结构性态的信息，做好观测资料分析工作既有工程应用价值又有科学研究意义。大坝安全监测数据分析的意义表现在如下方面：

（1）原始观测数据本身既包含着大坝实际运行状态的信息，又带有观测误差及外界随机因素所造成的干扰。必须经过误差分析及干扰辨析，才能揭示出真实的信息。

（2）观测值是影响坝体状态的多种内外因素交织在一起的综合效应，也必须对测值作分解和剖析，将影响因素加以分解，找出主要因素及各个因素的影响程度。

（3）只有将多测点的多测次的多种观测量放在一起综合考察，相互补充和验证，才能全面了解测值在空间分布上和时间发展上的相互联系，了解大坝的变化过程和发展趋势，发现变动特殊的部位和薄弱环节。

（4）为了对大坝监测数据作出合理的物理解释，为了预测大坝未来的变化趋势，也都离不开监测数据分析工作。因此，大坝监测资料分析是实现大坝安全监测最终目的的一个重要环节。

监测资料分析的内容通常包括：认识规律、查找问题、预测变化、判断安全。

（1）认识规律。分析测值的发展过程以了解其随时间而变化的情况，如周期性趋势、变化类型、发展速度、变动幅度等；分析测值的空间分布以了解它在不同部位的特点和差异，掌握其分布特点及代表性测点的位置；分析测值的影响因素以了解各种外界条件及内部因素对所测物理量的作用程度、主次关系。通过这些分析，掌握坝的运行状况，认识坝的各个部位上各种测值的变化规律。

（2）查找问题。对监测变量在发展过程和分布关系上发现的特殊或突出测值，联系荷载条件及结构因素进行考查，了解其是否符合正常变化规律或是否在正常变化范围之内，分析原因，找出问题。

（3）预测变化。根据所掌握的规律，预测未来一定条件下测值的变化范围或取值。对于发现的问题，估计其发展趋势、变化速度和可能后果。

（4）判断安全。基于对测值的分析，判断过去一段时期内坝的运行状态是否安全并对今后可能出现的最不利条件组合下坝的安全作出预先判断。

一般来讲，大坝监测资料分析可分为正分析和反演分析两个方面。正分析是指由实测资料建立原型物理观测量的数学模型，并应用这些模型监控大坝的运行。反演分析是仿效系统识别的思想，以正分析成果为依据，通过相应的理论分析，反求大坝材料的物理力学参数和项源（如坝体混凝土温度、拱坝实际梁荷载等）。通过大坝监测资料分析可以实现反馈设计，即"综合原型观测资料正分析和反演分析的成果，通过理论分析计算成归纳总结，从中寻找某些规律和信息，及时反馈到设计，施工和运行中去，从而达到优化设计，施工和运行的目的，并补充和完善现行水工设计和施工规范"。综上所述，大坝监测资料正分析中数学模型的研究与应用是实现大坝安全监测及资料分析的目的和意义的基础与根本。

大坝安全监测数据分析涉及多学科交叉的许多方法和理论，目前，常用的大坝监测数据分析方法主要有：多元回归分析、时间序列分析、灰色理论分析、频谱分析、渗流监测法、Kalman 滤波法、有限元法、人工神经网络法、小波分析法、系统论方法等。

1. 多元回归分析

多元回归分析方法是大坝监测数据分析中应用最为广泛的方法之一，最常用的方法就是逐步回归分析方法，基于该方法的回归统计模型广泛应用于各类监测变量的分析建模工作。以大坝变形监测的分析为例，取变形（如各种位移值）为因变量（又称效应量），取环境量（如水压、温度等）为自变量（又称影响因子），根据数理统计理论建立多元线性回归模型，用逐步回归分析方法就可以得到效应量与环境量之间的函数模型，然后就可以进行变形的物理解释和预报。

由于其是一种统计分析方法，需要因变量和自变量具有较长且一致性较好的观测值序列。如果回归模型的环境变量之间存在多重共线性，可能会引起回归模型参数估计的不正确，如果观测数据序列长度不足且数据中所含随机噪声偏大，则可能会引起回归模型的过拟合现象，而破坏模型的稳健性。在回归分析法中，当环境量之间相关性较大时，可采用主成分分析或岭回归分析，为了解决和改善回归模型中因子多重相关性和欠拟合问题，则可采用偏回归模型，该模型具有多元线性回归、相关分析和主成分分析的性能，在某些情况下甚至优于常用的逐步线性回归模型，例如在应用偏回归模型进行大坝监测数据分析时，还采用遗传算法进行模型的参数估计，取得了较好的效果。

2. 时间序列分析

大坝安全监测过程中，各监测变量的实测数据自然组成了一个离散随机时间序列，因此，可以用时间序列分析理论与方法建立模型。一般认为时间序列分析方法是一种动态数据的参数化时域分析方法，其通过对动态数据进行模型阶次和参数估计建立相应的数学模型，以了解这些数据的内在结构和特性，从而对数据变化趋势做出判断和预测，具有良好的短期预测效果。进行时间序列分析时一般要求数据为平稳随机过程，否则，需要进行协整分析，对数据进行差分处理，或者采用误差修正模型。例如，利用时间序列分析方法，对大坝变形观测资料进行分析建模得到一个 AR（2）模型，并对大坝变形进行了预报，结果表明具有良好的预测精度。也利用时间序列对大坝监测数据进行分析，有效地提高了模型对实测数据的拟合能力和预测能力。

3. 灰色理论分析

当观测数据的样本数不多时，不能满足时间序列分析或者回归分析模型对于数据长度的要求，此时，可采用灰色系统理论建模。该方法通过将原始数列利用累加生成法变换为生成数列，从而减弱数据序列的随机性，增强规律性。例如，在大坝变形监测数据分析时，也可以大坝变形的灰微分方程来提取趋势项后建立组合模型。一般时间序列分析都是针对单测点的数据序列，如果考虑各测点之间的相关性而进行多测点的关联分析，有可能会取得更好的效果。

4. 频谱分析

大坝监测数据的处理和分析主要在时域内进行，利用 Fourier 变换将监测数据序列由时域信号转换为频域信号进行分析，通过计算各谐波频率的振幅，最大振幅所对应的主频可以揭示监测量的变化周期，这样，有时在时域内看不清的数据信息在频域内可以很容易看清楚。例如，将测点的变形量作为输出，相关的环境因子作为输入，通过估计相干函数、频率响应函数和响应谱函数，就可以通过分析输入输出之间的相关性进行变形的物理解释，确定输入的贡献和影响变形的主要因子。将大坝监测数据由时域信号转换到频域信号进行分析的研究应用并不多，主要是由于该方法在应用时要求样本数量要足够多，而且要求数据是平稳的，系统是线性的，频谱分析从整个频域上对信号进行考虑，局部化性能差。

5. 大坝的渗流监测法

大坝安全监测数据分析涉及多学科交叉的许多方法和理论，目前，常用的大坝监测数据分析方法上述都有介绍，大坝的渗流监测法，具体实施如下：

水库大坝应设置 1～2 个监横断面，一般设置在最大坝高和渗流隐患坝段，对坝长超过 500m 的根据需要增加监测断面，小型水库坝高 15m 以上的应设置 1 个监测横断面，坝高 15m 以下影响较大的根据需要设置监测断面。土石坝中均质坝、心墙坝、斜绩坝监测点一般设置在坝顶下游或心（斜）墙下游侧、坝脚或排水体前缘，必要时在下游坝坡增设 1 个监测点；混凝土坝及砌石坝根据廊道和渗流情况设置场压力监测点；面板堆石地需设置应根据情况确定，下游水位或近坝地下水位监测点根据需要设置，存在明显绕坝渗漏的，根据需要设置绕坝渗流量或参流压力监测点，渗流压力宜采在测压管中安装渗压计的方式进行监测。

小型水库应开展大坝渗流量和渗流压力监测，根据需要开展大坝表面变形、岸坡稳定等变形监测存在渗漏明流的大坝应设置渗流量监测点，小型水库设置 1 个监测点，有分区监测需求的根据需要增加监测点。小型水库坝高 15m 以上的设置 1 个监测点，坝高 15m 以下影响较大的根据需要设置监测点。

渗流量一般采用量水堰计监测，量水堰形式根据渗流量大小和汇集排水条件确定。渗流压力监测横断面根据工程规模、坝型坝高、下游影响等情况设置，一般要求为：小型水库大坝应设置 1～2 个监测横断面，一般设置在最大坝高和渗流隐患坝段，对坝长超过 500m 的根据需要增加监测断面小型水库坝高 15m 以上的应设置 1 个监测横断面，坝高 15m 以下影响较大的根据需要设置监测断面。参流压力监测点设置一般要求如下：

（1）每个监测横断面一般设置 2～3 个监测点。

（2）土石坝中均质坝、心墙坝、斜墙坝监测点一般设置在坝顶下游侧或心（斜）墙下游侧、坝脚或排水体前缘，必要时在下游坝坡增设 1 个监测点。

（3）混凝土坝及砌石坝根据廊道、帷幕和渗流情况设置扬压力监测点，面板堆石坝如需设置应根据情况确定。

（4）下游水位或近坝地下水位监测点根据需要设置。

（5）存在明显绕坝渗漏的，根据需要设置绕坝渗流量或渗流压力监测点设置。

渗流压力宜采用在测压管中安装渗压计的方式进行监测。对坝高超过 30m 或下游影响较大的土石坝，或坝高超过 50m 或下游影响大的混凝土坝、砌石坝，应设置表面变形监测设施，其他小型水库，根据规范要求，结合本地实际，积极推进落实大坝变形监测设施设置。土石坝以表面垂直位移监测为主，混凝土坝、确石坝以表面水平位移监测为主。宜在坝顶下游侧设置一个变形监测纵断面，对土石坝必要时可增设个监测横断面。

测压管可用来监测坝体浸润线、渗压压力、地下水位及绕坝渗流等。埋设渗压计除可以监测上述项目外，还可用来监测土石坝的孔隙水压。

测压管的应用要求不能构成新的渗流通道，更不能对坝体造成破坏，因此在土石坝的防渗体交界面等处不宜使用。而采用埋设渗压计的方法使用场合却较为广泛，但电缆敷设时也要避免构成渗流通道，并且要考虑到电缆热胀冷缩所产生的影响。

根据施工和应用经验，测压管施工可以在工程实施和运行过程的任意时候进行，而埋设渗压计一般在施工过程中（针对不能设置测压管的地方）进行，在工程竣工后，能采用测压管的地方也均可采用埋设渗压计法进行渗压监测。但两者施工时都要求钻孔时不造成坝体结构的破坏和构成新的渗流通道。

采用常用监测手段对测压管水位本身进行监测可达较高精度，如采用测深钟等设备进行测量，精度可达 $0.5\sim1.0$cm。但是由于测压管是将测点的压力反应成一定体积的水头，因此测压管本身测值与真实测值存在误差与滞后。从时间上来讲，需要管内水位累积到一定的高程或消散到一定的高程，从而受到"水流速"的影响。在渗透系数大，作用水头、变幅及变化速度均较小的地方应用尚可，而在渗透系数小、作用水头大的地方，滞后时间会很长，在库水位变化快时，资料分析更加困难。因此规范规定："作用水头大于 20m 的坝，渗透系数小于 10^{-4}cm/s 的上中，观测不稳定渗流过程以及不适宜埋设测压管的部位如铺盖或斜墙底部、接触面等，宜采用振弦式孔隙水压力计。"为减少体积的影响，测压管有向细管方面发展的趋势，规范规定："测压管宜采用镀锌钢管或便塑料管，一般内径不宜大于 50mm，而近年在浙江和湖南的一些土坝采用了 15mm 的聚氯乙烯塑料管，海南的松涛士坝采用口 15mm 的镀锌钢管"。从空间上讲，测压管监测的是进水管段的"平均"值，因此为减少误差，进水管段不宜太长，规范规定："测压管的透水段一般长 $1\sim2$m，当用测压管必须注意施工质量、管口保护和运行维护，以防降雨、地面径于点压力观测时应小于 0.5m"。流对管内水位的影响。此外，测压管容易受泥沙沉积及进水孔堵死的影响，因此规范规定不留沉淀管，以避免因土体中实际水位低于测压管管底高程时沉淀管存在"死水"而造成观测水位偏高的假象。

测压管使用要注意管口保护，很多大坝绕坝渗流监测的许多测压管就因放牛娃在管内投入石块而不能使用。因此使用一定时间后一定要对灵敏度进行检验，如发现有泥沙沉淀必须进行扫孔。

测压管在实现自动化时有如下特点：①可以进行人工比测，从而校核自动化测值的可靠性；②仪器运行一段时间后，可以对仪器进行重新率定，以了解仪器参数的变化和仪器性能，同时可以检校测值的稳定性，当测量仪器损坏时可以更换。而采用埋设渗压计的方法不能进行人工比测，监测仪器损坏后不方便进行更换。如鲁布革大坝、松子坑大坝埋设了大量渗压计，都因仪器质量和施工质量得不到保证不得不进行更新改造。

对大坝安全状况的评估不仅取决于对单个测点单个项目实测性态的评估，而且更重要的是取决于对大坝不同部位不同项目所反映出的大坝整体安全性态的综合评估。大坝工作性态动态评估需要统筹考虑多指标的属性，针对其因素的不确定性及信息的有限性，在评价方法的研究上应注重实效性和理论性。

第 6 章

成果示范应用与创新点

6.1　成果示范应用

本系统已成功应用于青海省的湟中区小型水库（小南川、云谷川、大石门水库）、共和县小型水库（沟后、大水水库）、黑泉水库等项目中，并推动了青海省水库大坝安全管理由人工巡查养护向动态物联感知、智能诊断、主动消除安全隐患转变，全面提升了水库的运行管理智能化水平。

6.1.1　建设水库运行管理系统

水库运行管理系统如图 6-1 所示，该系统建设覆盖标准化运行管理、综合监控、风险管理、巡查养护、安全管理、应急管理、雨水情预测预报、水库运行调度、工作台、移动应用、系统管理等功能的水库运行管理应用系统、业务应用支撑系统。

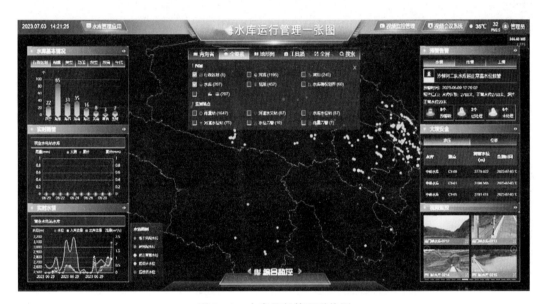

图 6-1　水库运行管理系统图

6.1.2　建设水库监测感知系统

利用水库监测感知设备资源，实现水库监测感知信息的接入与汇聚；配置安全监测设备、AR 全景摄像监控，基于水库大数据平台，构建水库监测感知系统，如图 6-2 所示。

6.1.3　建设水库大数据平台

水库大数据平台如图 6-3 所示，包括信息资源规划、数据资源池、数据接入系统、数据处理系统、数据管控系统、数据服务系统、视频监控汇聚管理系统等。

图 6-2　AR 云景综合观测指挥平台

图 6-3　水库大数据平台

6.1.4　建设信息中心

信息中心主要包括基础设施环境改造，建设电源系统、新风系统、布线系统；配置大屏显示单元、视频会议单元、音响扩声单元及中央控制单元等。其指挥调度中心如图 6-4 所示。

图 6-4 指挥调度中心

6.2 系统建设的意义

6.2.1 提高运行管理质量

随着国家对水库大坝安全运行管理的高度重视、相关政策指导文件的出台、新技术的不断产生以及新业务需求的不断提出，系统在运行环境、网络环境、业务应用等方面均已无法充分满足当前管理工作的需求，迫切需要在原有系统基础上进行升级改造，提高水库运行管理的质量，以便在系统功能需求和运行稳定性等方面更能满足现在的工作要求。在深化中小型水库管理体制改革的东风下，利用当前高新技术的快速发展，通过"互联网＋水库管理"的模式，积极推以"智能化、宽带化、移动化、泛在化"为特征的基础信息网络建设，实现以"感知、互联、智能应用"为特征的智能决策应用，可为水库的安全运行管理提供基础信息支持和智能化决策应用服务，提高水库的运行管理质量。

6.2.2 提高防汛抗旱能力

做好防汛抗旱工作，保障水库大坝安全运行，是水库管理工作的主要任务，需要依托各类实时监测、应急预案、历史资料等信息进行情势研判，做出及时有效的应对措施。通过开发水库运行管理信息化平台，可实现远程会商会诊，在系统上直观地、全面地、及时地展现水库信息资源，辅助领导会商决策和业务协同，实现正确处理水库防洪、灌溉、供水、发电等领域业务，通过科学调度，快捷下达指令，提高防汛指挥质量效率。

6.2.3 强化水库运行日常监管

水库现场管理层级主要是依托于部署在各个水库大坝现场的大坝安全监测、视频监视系统等自动化采集系统，通过数据交换平台或人工上报，根据水库的规模及大坝的类型，将各类监测数据报送到省（市、县）管理层级数据库。通过信息化管理平台可实现对水库的水情、雨情、工情等内容进行实时监视，实时掌握水库的调度运行状态，实时监督日常运行管理工作落实情况，提高监管质量效率。

6.2.4　提升大江大河大湖生态保护治理能力

提升大江大河大湖生态保护治理能力就是要聚焦人民对美好生活和优美生态的需要，坚持问题导向、系统观念和科学思维，统筹山水林田湖草沙，治理与保护并重，开展系统治理、源头治理和综合治理，改善河湖环境，修复河湖生态，维护河湖健康生命，实现河湖功能永续利用，让每条河流、每个湖泊都成为造福人民的幸福河湖。一是要管好"盛水的盆"，实现河湖"清四乱"常态化、规范化，继续抓好长江大保护、黄河流域生态保护等重点流域河湖专项行动，加强河道采砂综合整治。二是要管好"盆里的水"，抓好河湖水资源保护，强化水资源消耗总量和强度指标控制，以水资源超载区、水生态脆弱区、水生态退化区为重点，通过"治""保""还""减""护"等综合措施，对生态过载的河湖实施治理与修复。分区分类确定河湖生态流量目标，保障河湖生态用水，退还河湖生态空间，建立健全河湖休养生息的长效机制。三是全面开展重点区域水土流失治理和中小河流治理，加大治理力度、完善治理规划、掌握治理规律、创新治理举措。四是完善生态补偿机制，推动长江、黄河等重要流域建立全流域生态补偿机制。

6.3　创　新　点

大坝安全智能监测预警系统由监测中心、通信网络、现场监测设备、现场采集设备组成，根据不同地区的通信、经济条件，设立大坝安全监测站点，采用有人看管，无人值守的管理模式，配置相应的传感器，以及遥测终端及通信终端设备，实现大坝安全信息的自动采集、传输及预警。

本系统综合运用互联网、物联网、云计算等先进技术，提高大坝安全监测智能化与信息化水平，通过感知数据的统一集中管理，采集大坝的渗压、渗流参数，并通过数采终端将数据发送至云端服务器进行数据分析、处理。控制中心根据服务器传输数据在实时看板上展示当前各监测点位的实时健康状况，对监测点渗压、渗流实时折线图表进行分析，异常数据支持微信端及时通知管理人员进行维护，海量信息的智能化处理，实现大坝安全监测信息智能感知、云端管理、专业分析与监控预警，充分保障水库大坝工程的安全。

6.3.1　技术创新

（1）水库安全监测预警系统整合了在全区范围内所管辖的大小型水库的水雨情信息、枢纽视频监控信息、水库洪水预警信息、水库调度信息，在水库防汛部门的管理与决策中发挥着日益重要的作用。基于 SOA 架构、基于 J2EE、SpringMVC 和 GIS 等技术的水库安全监测预警系统，标志着水利水务信息化、防汛信息化的全面展开。该系统极大程度地提高了信息整合的能力，大力促进了宁夏水利水务现代化和信息化建设，为防汛抗旱决策提供了更高层次的信息保障。

（2）水库安全监测预警系统借助互联网和智能物联新技术，推行水库安全监测控制管理方式，充分利用了先进平台在数据访问、通信、分层等方面的技术优势，成为可伸缩、可扩展、功能齐全、界面简洁美观、升级维护方便、自动化程度高的强大的信息化水务系统。

（3）水库安全监测预警系统充分解决了传统水库管理不到位、工程建设、水雨情历史资料严重缺失、水库管理人员管理水平偏低、水库安全重视程度低、水库抗风险能力低、各单位信息隔绝等问题。该系统极大程度地提高了水库管理工作人员的工作质量、降低了管理成本、能够采集准确全面的水库数据，及时预警风险，发现应急预案，形成相应的报表，为水库运行调度提供及时科学有效的数据依据，保障水库安全。另外，该系统能够整合各管理单位的信息资源，方便各单位间的沟通和统一管理。

（4）本系统融合了多项先进技术例如 J2EE 技术、二三维网络技术、大视野多层级影像动态处理技术、复杂数据库开发、多目标业务应用系统综合开发技术等，实现了跨平台平面式、立体式与移动式无缝集成开发，实现了传统行业管理理念与现代化科学技术的完美结合。

（5）一张图智慧管理。采用大数据、云计算以及数据库中间件、数据挖掘、安全监控模型等众多的先进技术和算法，通过自动化数据采集、实时监测、实时分析及安全预警，建立集地理信息、水库特性、水雨情监测、安全监测、智能巡检、视频融合、安全管理、运行管理、年度报告、三个责任人、三个重点环节、知识库、信息下达、系统管理等内容的多坝型的小型水库大坝安全大数据动态监管云平台，实现区域小型水库一张图式智慧管理。

6.3.2 应用创新

（1）基于物联网、云计算与大数据技术，实现水坝安全运营管理智慧化。本平台研发了水库大坝安全智能监测系统平台，实现大坝安全监测信息的智能感知、开放物联、云端管理、专业分析与监控预警，达到安全监测"数据通信更高效、场景适用更广泛、监控预警更智能"的总体技术目标，为保障我国大型水利水电工程安全稳定运行提供了新的信息化管理手段和决策支持系统。

基于大坝安全监测智能采集成套设备、大坝安全监测物联网平台、大坝安全监测云服务系统等三个层次的研发，形成大坝安全监测软硬件一体化智能解决方案，为水库大坝提供从施工期到运行期的全生命周期安全监测服务。通过研发基于物联网技术的大坝安全监测智能采集成套设备，实现大坝安全监测信息的智能感知；通过研发大坝安全监测物联网平台，实现不同类型安全监测采集设备快速接入，实现设备全生命周期管理，并提供开放API，实现安全监测信息的全面开放物联；通过研发大坝安全监测云服务系统，实现大坝安全监测信息的云端管理、专业分析与监控预警，为水库大坝安全管理提供智慧应用。

信息技术在新时代里取得的巨大发展和进步，也就意味着其在各行各业都会有一定的渗透和参与。在大坝安全自动化监测工作过程中，通过云计算技术的应用，使大坝安全监测系统建设在云端的基础之上，能够实现对网络资源的充分利用，也实现了移动监测的多用户使用，降低子大坝自动化安全监测工程中的运行成本，并且也大大提高了其资源的利用效率。建设在云端基础之上的大坝自动化安全监测系统，其主要部分包括云端的数据库以及服务器和客户端等，大坝安全自动化监测系统在云端基础之上，其核心在于云端的服务器。该服务器主要能够接受无线传感设备带来的数据集数据，并能够实现对该数据的分析以及处理，使处理之后的结果全部存储在云计算系统的云端数据库。在云端基础之上建立的大坝自动化安全监测系统，其主要功能包括能够根据客户端进行操作，对传输的大坝相关参数信息数据进行处理，该数据可以通过多种方式来进行展示，视频信息以及图形信息都可以通过该客户端实现传输。而且该数据监测也是实时进行的，能够实时监测大坝的安全性相关参数以及数据，对数据库的历史数据也可以实现重复处理和分析，并且以一定的周期年限来进行整体处理。对数据库历史数据的处理和分析，其意义在于与现阶段的收集数据形成一种对比，得出大坝安全相关参数的变化规律，从而能够预判未来的发展趋势，实现高效的危险预警以及大坝安全事故的应急处理。

（2）智能监测高效、采集稳定可靠、全面保障，促进水利信息化建设。充分利用信息资源，促进信息交流，使大坝的基础水情与降水、防洪、安全监测、效益调度相结合。将自动控制技术应用于大坝的安全监控，会促进水利设施的现代化、信息化，为水利事业的发展提供一定的借鉴。智能预警设备参与的大坝安全自动监测技术，其主要特点在于，相比传统的安全自动监测技术其监测数据以及预警标准更高，而且在进行安全监测过程中，一旦出现异常情况，能够在第一时间发出预警，提醒相关工作管理人员进行应急处理。智能预警装置的预警标准可以通过人为进行设置，在对大坝安全相关参数收集之后进行处理，对其实际情况进行分析，将收集到的数据量化成数据指标以及模型等。最后完善其安全综合统计评价，制定出相应的预警标准。而预警标准的设定，不仅仅是对单方面进行设置的，主要是对安全参数当中的多个方面进行综合判断分析和对比，最后完成工作。通过智能预警设备能够大大减少安全事故的发生，提高工程的安全性，而且通过智能预警装置也可以判断大坝安全隐患的发生规律，有助于完善下一步工作。

水库大坝安全监测方案产品架构全面应用智能识别、智能诊断、智能混接技术，形成高效的智能监测生态圈。其组网灵活，监测数据在云端快速融合，形成上下贯通、实时交互、运行高效的安全监测系统，实现了数据的互联互通。传感器测量精度高、数据稳定，已应用于上千个工程，满足大坝安全监测要求，为工程提供了可靠的数据支撑。专业技术团队，多重预警联动，数据加密保障，全方位守护数据安全，为监测系统的稳定长期运行保驾护航。

（3）三维可视化管理系统全角度分析水库大坝的安全状况。随着智慧城市建设的不断推进，智慧水库大坝安全监测系统也逐渐成为了现代化水库管理的重要组成部分。这一系统通过三维可视化技术，把水库大坝的各个监测数据及时地呈现在管理人员面前，为管理人员提供了全面、直观的大坝安全监测信息。

三维可视化技术的应用，使得管理人员能够从全新的角度来理解和分析水库大坝的安全状况，并可以在较短的时间内对发生的异常情况进行快速诊断和应对。例如，管理人员可以通过三维可视化系统直接查看大坝各个部位的沉降情况，并能够清晰地看到大坝的变形趋势。这对于及时发现大坝安全隐患以及预防大坝坍塌等突发事件具有重要意义。

基于数维图科技自研 Sovit3D 三维可视化平台，采集现场照片与数据，同步 BIM 建模导入，利用数字孪生技术，对大坝、发电机组、船闸、泄洪口等进行 3D 建模，实现可视化直观的全场景管理。可交互式的 Web 流域三维场景，可进行缩放、平移、旋转，场景内各设备可以响应交互事件。智慧大坝安全监测系统可以有效实现对大坝进行全天候实时监测，如有预警险情，第一时间采取应对措施，同时可以利用水库大数据、气象数据对水位进行预测，提前做好相关部署，为相关部门提供决策依据。

（4）水库大坝安全性能的全面提高。经过大坝安全监测仪器人工巡查监测，根据相关的数据和资料、大坝诊断安全与否的结果，影响着水库大坝的施工安全、周边地区的生命财产安全和生态安全，也对以后的设计提供了很好的借鉴，能够改进相关的安全监测设计、施工技术以及对大坝安全性的诊断，能够确保水库大坝安全性能的全面提高，科学、合理、有效的水库大坝安全监测，能够确保水库大坝施工整个过程的安全进行，能够确保水库大坝在施工过程中出现的实际性问题得到及时合理的解决，最终保障水库大坝的后期运行安全。坚持高标准水库大坝的安全监测关系着水库大坝的安全运行，也关系着水库大坝周边和下游地区生态环境的安全。水库大坝的安全能够确保周边生态环境的良好运行，避免地震、洪水、泥石流等地质灾害的发生，避免大气气候的异常导致的气象灾害、景观文物的损毁以及巨大的生态经济损失。

6.3.3 系统平台创新

（1）基于智能采集终端的大坝海量异构信息快速获取与高效通信传输理论。针对大坝多源信息采集与传输中存在的功效性欠缺以及信息离散化等问题，提出了基于窄带物联网技术的数据采集单元（图 6-5）、基于"物联网标识管理公共服务平台"的数据标识技术及基于 WSN（无线传感器）的信息感知系统，研发了多源信息智能采集系统。针对水下环境，研究了基于水下边缘计算的网络架构和路由协议（图 6-6），设计了水下网络环境下边缘计算数据卸载路径。针对海量信息异构特点，构建了多源信息分类与筛查原则；提出了用于计算两个不同语言本体相似值的跨语言相似测度，构造了跨语言本体匹配问题的最优模型，并提出了基于问题交互式紧致差分进化算法。上述成果从智能采集、水下传输、异构匹配等构建了基于智能采集终端的海量异构信息快速获取与高效通信传输理论方法。

（2）大坝长历时、多尺度、多维度、异构海量多源信息透彻感知和智能分析体系。采用无人机摄影、图像识别等高新技术与机器学习、数据挖掘等智能分析算法，构建了包括大坝空间基础信息、服役环境信息全方位透彻感知和智能识别能力的感知体系：实现了基于无人机倾斜摄影的大坝参数化建模，运用深度学习目标检测网络 YOLOv3 实现了对大坝现场的信息感知，设计了水下结构物表面缺陷仿生双目视觉测量方法和水下偏振成像缺陷监测系统。基于智能方法，剖析了大坝效应量与影响量序列变化特征与趋势：提出了基于混合灰色关联分析的大坝变形驱动因素分析方法，通过耦合 STL 分解和相空间重构理论提出了改进极限学习及大坝变形预测模型，并构建了基于 Bootstrap 和 ICS-MKELM 算法的变形预测模型，建立了变形性态小波支持向量机预报模型和算法；耦合小波多分辨率分析和突变理论，建立了大坝运行状况突变分析模型；并提出了基于 D-S 证据理论的

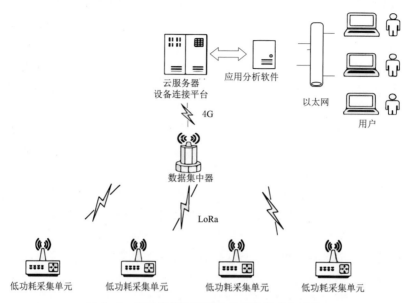

图6-5　基于窄带物联网技术的数据采集系统

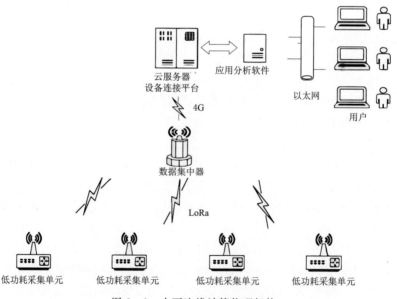

图6-6　水下边缘计算物理架构

大坝整体安全推理模型；提出了基于PCA-SSA-XGBoost算法的拱坝应力预测方法。上述成果形成了大坝长历时、多尺度、多维度、异构多源信息透彻感知和智能分析体系，可实现大坝多源信息及服役环境信息的全方位智能感知和分析。

（3）大坝服役性态多尺度及多维度特征多源信息融合模型与可视化分析方法。针对目前大坝信息融合过程中多局限于结构化数据，缺乏考虑多源异构信息深度融合以及信息智能可视化分析的不足，在数据融合层面，研究大坝多源异构信息融合体系和准则，研发大坝服役环境变量与效应量同类和异类信息融合模型：采用多源图像信息进行智能融合和模型重建，提出了大坝安全状况多指标贡献度分析方法，并基于多点测值序列的大坝安全警戒域拟定 KPCA 方法，建立了考虑证据冲突的改进 DST 大坝结构多源信息融合动态诊断模型，提出基于多源测值序列的大坝安全空间警戒域自适应拟定方法；在可视化分析层面，研究基于 BIM 的大坝多尺度、多维度、异构、多源信息无缝集成与智能可视化分析，并基于 unity 可视化展示平台，融合 BIM 模型与 GIS 技术，实现库坝多源信息的可视化动态展示。

（4）安全评价模型。在预警系统中，安全评价模型是至关重要的部分。有了安全评价模型，才能根据监测数据评价堤防的安全。而安全评价的可靠性除了依赖于监测数据的准确性，主要就取决于评价模型的合理性。因此，在预警系统设计和研制中，一定要建立针对堤防具体条件和运行环境的合理的安全评价模型。但是，由于问题的复杂性，合理的安全评价模型有待于在堤防监测实践中摸索。

堤防渗流是一个饱和或非饱和、非稳定或稳定的发展过程，加之渗流场有不同程度的非均质和各向异性，几何形状和边界条件又很复杂，使得采用确定性方法计算堤防的汛期动态渗流非常困难，难以准确计算和考虑各种复杂情况。对于这种非确定的、动态变化的、部分信息环境的情况，基于现场观测的数据统计、处理、推断方法，直接用于堤防渗流险情的判断和预报是比较合理的。

第 7 章

结 论 与 展 望

7.1 总　　结

水库作为我国工程体系的重要组成部分，具有防洪、供水、发电、灌溉、生态等综合功能，是调控水资源时空分布、优化水资源配置、防治水害以及保护生态环境等重要工程措施之一，是江河防洪体系不可替代的重要组成部分。20 世纪 50—70 年代，中国完成了水利工程建设的大飞跃，成为世界上水库数量最多的国家，现有的 9.8 万余座水库，大部分建于该时期。但限于当时的技术水平和经济条件，许多水库的质量和建设水平都不是太高，大部分是小型坝，基本上都已是超期服役。且在此后几十年的运行中，由于缺少必需的维护经费，水库病险的数量过半，从 1954 年有溃坝记录以来，全国共发生溃坝水库 3515 座，其中小型水库占 98.8%。而且，大多数水库管理人员缺乏现代水库管理知识，技术素质不够高，远不适应在市场经济下对水库管理的经营管理需求。水库安全管理观念落后，缺少战略研究，没有一套完整的技术和规范，缺少对中、小型水库管理和安全进行指导，也没有建立起相应流域的水库安全管理系统，中小水库安全监测水平还比较低。鉴于这些小水库数量多、地处偏远，管理人员缺乏现代水库管理知识。若是单靠人员定时巡检，一方面需要大量的人力和资金的投入，另一方面时效性低，很难有效地掌握到水库的安全状况。因此，需要有一种具有远程安全智能监测的系统来协助高效的工作。

计算机技术、电子技术和通讯技术的高速发展给水利自动化发展带来了良好的发展环境，水库是关乎国民生产生活的水利工程建筑物，对水库实行科学合理的自动化控制与管理、减少人为干扰因素，是适应现代化发展和低碳水利的迫切要求。水库自动化控制在西北地区起步虽晚但发展迅速，从 20 世纪 90 年代开始单个功能检测起，到目前已广泛应用于水环境监测、水库调度、大坝安全监测、闸门自动控制等各个方面，大幅度提升了水库现代化管理水平，为水库工程运行与管理发挥了巨大作用。但是，目前的水库安全预警控制系统还有很多不足，功能重复建设严重，数据难以共享，信息孤岛效应问题突出，因此，对集中控制系统的应用研究，对水库科学、高效、安全的运行与管理有着非凡的意义。

水库大坝安全智能监测预警系统，是维护水库安全生产运行以及防汛工作的重要保障，随着现代通信技术与测试测量技术的发展，"数字水利"的时代已经到来。通过先进的网络监测可以实时直观的观测水库的各种变化及涵闸的运行情况，为领导决策提供了直观的图像信息，同时改善了观测、测量工作人员的工作环境，减少工作人员，真正做到无人值守、少人值班。该系统主要由三大部分组成：前端数据采集、无线数据传输、中心数据监测。前端采集设备主要是由数据采集终端、无线数据传输模块、雨量计、水位计、摄像机、供电系统等设备组成。由数据采集终端负责采集雨量计、水位计的水情数据，并传输到无线数据传输模块进行数据远程传输，由无线路由器为摄像机提供无线网络，进行视频数据的远程传输。无线数据传输主要是通过水投云澜科技公司自主研发的无线数据传输终端，使用运营商的 4G/5G 无线数据网络来实现，随着无线通信费用的逐年降低，无线数据传输的成本也越来越低，而且使用无线方式可以节省大量的线缆成本和土建施工成本。中心平台主要由数据服务器、应用服务器和监控大屏组成。主要实现数据的存储、计算、分析与监控等功能，及时对前端返回的数据进行处理，实时监测降雨量信息，根据水位及图像数据及时对下游地区进行洪水灾害预警。

　　水库大坝安全监测是水利工程安全的重要保障措施，亟需结合新一代信息技术，提升大坝安全监测能力。该研究成果总结了宁夏水投云澜科技公司近年来在大坝安全监测智能感知与智慧管理技术方面的研究及应用工作，通过研发系列化智能传感器、智能采集单元和物联网感知平台，建设统一的大坝安全监测数据资源池，开发通用化安全监测云服务系统，搭建专业数据挖掘平台和综合可视化应用，实现了大坝安全监测数据感知、传输、管理、分析及展示全链路应用，形成了大坝安全监测全生命周期智慧解决方案。

7.2　展　　望

　　国内外水库大坝安全监测经过近几十年来的不断发展，已就有了长足的进步，主要表现在：从原型观测发展为安全监测到现在的安全监控，研究领域和监测对象进一步扩大；大量程、高精度、智能化、无线化的观测仪器不断被应用，自动化监测系统发展日趋成熟，监测手段更加先进；安全监测数据处理在线实时监控和处理技术得到应用，监控分析的数学模型中统计模型、确定性模型和混合模型等传统模型不断被改进，时间序列分析、灰色理论、模糊数学、神经网络等多种新方法被引入大坝安全监测资料分析；在大坝安全性态的评价研究方面，从单测点分析向多测点、多项目、多物理量的综合分析和评价发展，专家系统和人工智能技术为决策提供了更加准确、及时的依据；大坝安全监测反馈分析的深入研究，有力地推动了坝工设计和施工技术的发展。

　　随着社会经济的发展及人类居住环境要求的提高，政府及公众对水库大坝安全日益关注，水库大坝安全管理内涵拓展和水库大坝安全管理向风险管理理念的转变，对监测预警也提出新要求，结合目前技术及机制现状，对我国水库大坝监测预警技术进行展望。

7.2.1　监测预警的贡献

　　监测在水库大坝管理的贡献表现在分析大坝运行状态，预测是否可能发生溃坝，溃坝过程中的状态演变过程；基于监测信息识别与分析，对大坝异常信息进行预警，提高应对溃坝等突发事件的能力，避免或减少突发事件导致的生命、财产损失和生态环境的破坏，保障下游公共安全和公共利益，具有重大的社会、经济和生态效益。

7.2.2　监测的法规体系建设

　　我国已建立了安全监测的一些标准规范，但对有关监测预警技术及设备的设计、开发、应用管理标准体系仍不健全，建立与完善相应的政策法规和制度规范，按照国家水利信息化的要求建立监测预警信息存储、传输、发布等标准化体系及相应的配套政策法规，构建完善的法规制度和技术标准体系，为水库大坝安全监测信息共享与应用提供保障。

7.2.3　监测预警技术的研究

　　随着我国水库高坝的不断建设，对高坝监测技术的研究与应用十分重要。同时，积极引进与应用新技术，如分布式光纤监测技术、三维激光扫描技术等，突破以往监测点式分布瓶颈，开拓分布式监测技术研究与示范应用。通过监测信息的挖掘，研究大坝结构性态的运行与演变规律、灾变形成及其预测控制，特别是极端气候条件对大坝安全的影响监测与评估，真正达到监测的目的，为预测预警及公共服务提供基本技术条件，提高早期发现与防范能力。预警是降低大坝风险的前提，重点研究基于监测的信息获取技术，多尺度动态信息分析处理和优化决策技术，多目标信息融合预警体系、模型、预警准则，以提高预警可靠性。

7.2.4　全国性和区域性水库大坝监测预警平台建设

政府、业主、工程师及公众对水库大坝公共安全日益关注，基于服务社会、提高公共服务能力的理念，按照统一通信平台、统一网络平台、统一数据库平台、统一应用平台的开发思想，以功能实现、技术先进、性能可靠、结构开发、系统安全、高度整合作为建设目标，建立面向社会全国和区域性水库大坝监测预警平台，实现监测信息资源共享，建立政府、业主、工程师及公众的良好交流平台，提高公众认识与参与能力，真正提高水库防灾减灾能力。

7.3　建　　议

从当前控制系统存在的弊端可以看出，水库需要建立一套快速及时、准确可靠、先进实用、高度自动化的工程信息采集、监控自动化集中控制系统。这种集中控制系统应集监测、控制、监视、信息管理、安全分析及防洪调度决策支持系统等功能于一体，具有功能综合化、互连网络化、开放性和标准化的特征，应是一个基于综合自动化和多媒体互联网络化体系结构的系统，能够对水库水情、病害险情、防洪安全、水资源综合利用等方面的信息数据进行集中处理，同时搭建水库调度平台，建立综合办公、设备管理、运行维护、预警预报、水库 调度等技术应用。具体有以下几方面建议：

7.3.1　模块智能化

水库自动化控制系统将每个功能作为一个功能模块，各功能模块既可独立运行，也可组合成一个集采集、储存、分析、发布以及其他扩展功能于一体的综合性系统。任何一个模块的维护不影响其他模块运行，这样能够提高系统的容错率和稳定度。系统在进行数据库结构、数据接口等方面设计时，应采用可扩展设计，便于系统增加、删除功能。这样既可避免资源浪费，又可节省时间，提高系统运行效率。

7.3.2　平台网络化

系统应建立一个集过程控制、防洪调度、安全预警、信息发布、应急指挥为一体化的统一网络平台，集中管理，搭建水库信息办公平台，自动完成信息采集、测量、控制、保护、计量和检测等基本功能，并支持经济运行、大坝安全监测与评估、防洪调度支持、状态检修、多系统联动等高级应用，实现水库经济高效、安全可靠运行，实现运行管理一体化、资源利用最大化、决策支持智能化的目的。

7.3.3 技术标准化

完善有关技术标准，对传感器信号、硬件接口、数据库格式、系统软件等进行规范统一，便于统一设计、统一生产、统一维护等，以保证设备通用性。提出系统构架标准化要求，方便技术人员使用和维护，也便于系统数据共享和分析处理。标准化的建设同时有利于人才的培养，将来还可以实行水利信息化从业资格制度，向专业化、技术化、职业化方向发展。

7.3.4 研发开源系统

国家应鼓励和支持研发水库自动化控制的操作系统，此系统应有广阔的延展性，并通过开放源代码让企业能够加入到系统开发中来。然后通过对操作系统的不断完善，丰富硬件选择和应用领域，并能够与主流操作系统无缝结合，实现系统的广泛应用。拥有自主产权和专有技术的操作系统，不仅能够给水利自动化控制带来新的革命，而且能够防范国际政治风险。

7.3.5 应用人工智能神经网络

人工神经网络是并行分布式系统，克服了传统的基于逻辑符号的人工智能在处理直觉、非结构化信息方面的缺陷，具有自适应、自组织和实时学习的特点，在 5G 即将全面来临的时代，显得尤为重要。例如：流域内水库水资源调度就是人工神经网络应用的很好平台，通过确立数学模型把不同的数据、图像和对应的处理方式输入人工神经网络，网络就会通过自学习功能，慢慢学会识别类似的图像和数据，并做出相应的处理建议，这样给出的结果往往要比人工计算更科学。